羽毛

左右系列

FEATHERS
DISPLAYS OF BRILLIANT PLUMAGE

羽毛

鸟 类 闪 耀 的 风 采

[美] 罗伯特 • 克拉克 著　李祖凰 译　王瑞卿 审

電子工業出版社
Publishing House of Electronics Industry
北京 · BEIJING

图书在版编目（CIP）数据
羽毛：鸟类闪耀的风采 / (美) 罗伯特·克拉克 (Robert Clark) 著；李祖凰译.
北京：电子工业出版社, 2018.7
（左右系列）
书名原文: Feathers: Displays of Brilliant Plumage
ISBN 978-7-121-34479-4

Ⅰ.①羽… Ⅱ.①罗… ②李… Ⅲ.①鸟类－羽毛－普及读物 Ⅳ.①Q959.704-49

中国版本图书馆CIP数据核字（2018）第125856号

策划编辑：孟 杨
责任编辑：杨 鸲
印 刷：北京尚唐印刷包装有限公司
装 订：北京尚唐印刷包装有限公司
出版发行：电子工业出版社
北京市海淀区万寿路 173 信箱 邮编：100036
开 本：889×1194 1/16 印张：11 字数：267.75 千字
版 次：2018 年 7 月第 1 版
印 次：2018 年 7 月第 1 次印刷
定 价：89.00 元

凡所购买电子工业出版社图书有缺损问题，请向购买书店调换。
若书店售缺，请与本社发行部联系，联系及邮购电话：(010) 88254888，88258888。
质量投诉请发邮件至 zlts@phei.com.cn，盗版侵权举报请发邮件至 dbqq@phei.com.cn。
本书咨询联系方式：(010) 88254161 转 1827，mengy@phei.com.cn。

致谢

《羽毛》一书其实是我学习阶段的结晶。在开始这个项目之前，我对羽毛历史的繁复、起源以及美妙一无所知。

如果不是《国家地理》杂志给了我写作本书最初的灵感，我永远也不可能开启这项计划。时任影像副主编、资深图片编辑的科特·穆切勒（Kurt Mutchler）对该项目的调研、策划和严苛批驳，不断地鼓励着我，激励我学习更多关于羽毛的历史。

拍摄羽毛影像和研究学习期间，我有幸与中国科学院古脊椎动物与古人类研究所的徐星及耶鲁大学皮博迪自然历史博物馆脊椎动物学的馆长理查德·普鲁姆（Richard Prum）共事，后者也是鸟类学的威廉·罗伯森·科教授（William Robertson Coe Professor）[①]，感谢他们睿智的点评，助我理解羽毛演化的大量历史资料。耶鲁大学的雅各布·温瑟尔（Jakob Vinther）博士及布朗大学的瑞安·卡尼（Ryan Carney）为我明了化石方面的内容也起到了不可估量的作用。

此外，众多的博物馆也为本书的完成起到了相当重要的作用：汉堡大学的动物学研究所及动物学博物馆、中国科学院古脊椎动物与古人类研究所（北京）、柏林洪堡大学自然历史博物馆以及中国山东天宇自然博物馆。同时，耶鲁大学普鲁姆实验室、皮博迪博物馆以及彼得·穆伦（Peter Mullen）博士、加布里埃尔·哈特曼（Gabriel Hartman）的羽毛收藏，使本书的内容变得更为绚丽多彩。

说到本书的筹备和制作，就不能不提及派克·弗赖尔巴赫（Parker Frierbach），没有他的努力、调研、协助以及热情，我不可能完成这个项目。很幸运能遇到对该项目如此感兴趣的人，且能与为此书的完美呈现做出奉献的人们共事。

感谢编年史出版社（Chronicle Books）的编辑布丽奇特·沃森·佩恩（Bridget Watson Payne）及雷切尔·海尔斯（Rachel Hiles）将这个项目从策划理念变成了一部优美易读的佳作。

感谢我的亲人——妻子莱玲（Lai Ling，音译）、女儿洛拉（Lola），她们仿佛我生命中的双翼，助我在思想的天空自由翱翔。

①威廉·罗伯森·科是已故美国著名慈善家，以基金的方式资助了许多美国大学的学术研究。——编者注

序

我家住在纽黑文市（New Haven），是美国康涅狄格海岸线上的小城。这里几乎没有野生动物的容身之所，但当你想看的时候，却总能在这里见到一些神奇的生物。鸠鸽们昂首阔步地横跨小镇绿地，点着头，卖弄着那身闪闪发光的粉色羽毛。美洲金翅雀（Goldfinch）们急速飞过纽黑文的喂鸟器，像极了弹弓弹射出的颗颗柠檬。乌鸦则聚集在停车场，它们的羽毛颜色比脚下的柏油路还要黑。在纽黑文公园的溪流和湿地中，正在伺机捕鱼的鹭鸟（Egret）像是羽毛褪了色的雕塑。借着长岛海湾（Long Island Sound）的气流，海鸥在头顶掠过，它们的羽毛颜色与壁炉的灰烬相仿。每只鸟都有上千根羽毛，而在纽黑文市，你每天都能轻松见到上百万鸟儿。除非你是个鸟人，要不然谁会有闲心去研究它们身上的羽毛呢？

这其实是我们在日常生活中，感受演化所带来的丰富创新与美感最好的方式了，但遗憾的是，极少有人能够注意到这一点。在羽毛中，最早能看出演化端倪的是恐龙的化石。人们一度笃定雷克斯暴龙（*Tyrannosaurus rex*，又被称为霸王龙）身披鳞片，但现在科学家们发现，或许这种巨型爬虫身上长的是绒毛。随着恐龙演化树萌发新的枝条，某些种类也随之“收获”了更多的繁复的羽毛。简单的短而硬的刚毛开始分裂开来，形成细短的绒羽；其他的则变成了正羽。数百万年以后，羽毛演化出了更多类别，小型恐龙没准儿已经开始凭借羽毛的助力四处移动了。有一种理论认为，最初，恐龙偶然通过上下摇动前臂，来攀爬陡峭的坡道；长有羽毛的恐龙可能还会利用全身的羽衣充当降落伞，在丛林间穿梭跳跃。接着，这些恐龙中的某一类群又演化出了以便将羽毛的功用发挥到极致的骨骼和肌肉，前臂上下扇动，开始全速飞翔。

科学家们不仅可以在化石上找到羽毛演化的线索，还能从鸟类胚胎的发育过程中瞥见端倪。表皮细胞团的延伸物称为基板（placode），只要把控制基板活性的基因做些微改动，就能将羽毛变成爬行动物的鳞片。因此羽毛应该是演化的产物而非横空出世的作品。不仅如此，在蛋白方面，鸟儿们也演化出了新的花样，产生了新的别具一格的角蛋白；还有一些蛋白能使羽毛焕发别样色彩或具有特别的理化性质，每种“花样”均与某一特殊功能相契合。

这些特殊功能都有哪些呢？有些鸟类借助羽毛翱翔天际，有些则善用羽毛保存体温，还有些鸟类通过羽毛吸引异性。在现存的一万余种鸟类中，演化已然将羽毛幻化得极为多样且令人震撼，并能满足所有的功能需求。就拿企鹅来说，在南极海域，它们翅膀上那短小点状的羽毛为自身保存热量的同时，还能使其在水中高效驰骋。而猫头鹰翅膀上的羽毛则用来消除捕捉猎物时俯冲的声音。琴鸟（Lyrebird）在吸引异性时，会优美地将羽毛翘起。梅花翅娇鹟（Club-winged Manakin）在拍打羽翼的时候会发出小提琴般的声音，雌性翅娇鹟择偶的标准就是“谁的声音动听”而非“谁的羽毛好看”。

只要我们多加留意，即使是如纽黑文这样的城市，也能带你领略羽毛的多姿多彩。但羽毛的世界远比鸽子和金翅雀来得绚烂。摄影师罗伯特·克拉克将借助此书，呈现羽毛难以置信的华美视角，展示演化的别具匠心。

卡尔·齐默
（Carl Zimmer）

amlung.

引言

提起我对鸟类的痴迷，就要回到我的青年时代，那时的我喜欢在堪萨斯西部收集草地鹨（Meadowlark）、乌鸦、鹌鹑的羽毛。从孩提时代，我就开始观察鸽子、红尾鵟。除了这些留鸟，我每年还会在家附近的夏延野生动物区（Cheyenne Bottoms Wildlife Area）观察沙丘鹤飞过天际，这里正好是它们的迁徙路径。

我对鸟类的兴趣渐长是在2004年为《国家地理》撰写查尔斯·达尔文（Charles Darwin）的报道时。检视达尔文的一生，我清楚地发现，他对于演化进程的理解以及对此的热爱是在“小猎犬”号上的5年航行中渐渐形成的。那段时间里，通过对加拉帕戈斯群岛（Galapagos Islands）上不同尺度且极为混乱的雀喙的研究，达尔文接受了岛屿生物演化的概念：在长时间的地理隔离状态下，物种适应了当地的环境将导致新物种的产生。

回到英国家中的达尔文，开始繁殖鸽子。他试图通过这种方式加速演化进程，通过观察鸽子的骨骼，探究它们是否会有任何形态学上的变异。其养育的鸽子品种之多，不可小觑。

当我研究达尔文的故事时，脑海中却一直思索着羽毛的演化，这促使我在接下来的10年内始终用镜头记录鸟类，就好像我接下了更多《国家地理》的工作一样。最终，这段经历使我有机会在2011年2月刊发了《羽毛的演化：有关羽毛的奇妙奢华的悠久历史》（*Feather Evolution: The Long, Curious, and Extravagant History of Feathers*）。这篇文章带我走进了一段两亿多年的历史进程，讲述着一种华美而又俯拾皆是的自然物。当我被这些披在每一只鸟类身上的羽毛的变化、排列和着色震惊之时，文章却将我带去了中国的辽宁省，来拍摄孔子鸟（*Confuciusornis*）化石。该化石来自于早白垩世（Cretaceous）义县组和九佛堂组（Yixian and Jiufotang Formations），可追溯到恐龙灭绝之前，大约1.25亿年前。

最吸引我的是这些羽毛会随着时间不断改变和完善。数百万年间，恐龙身上的鳞片逐渐向上凸起生长为鸟类身上的刺毛。经过数个世代，这些刺毛按照躯体的不同部位，朝着更细致的方向演化。最终，刺毛上长出了色彩艳丽的羽毛。这些羽毛演化出了所有鸟类所需的功用：飞翔、保暖、吸引异性，以及用作伪装。

截至目前，我已经见过数千种不同的羽毛，并用镜头拍摄下了其中的数百种。从亿万年前的羽毛化石到现代天堂鸟那华美的羽裳，本书记录了这些令人惊叹的羽毛影像。正如建筑学常说的“机能决定形式”（form follows function），但用在羽毛的问题上，我觉得如果形随机能，那么“美由形生”。

第 8 页：

始祖鸟 德国

Archaeopteryx lithographica

就在1861年，达尔文和华莱士发表他们演化理论的第二年，德国索伦霍芬附近的采石场（Solnhofen Community Quarry）发掘出了一根保存在化石中的末端次级飞羽。这块化石混合了爬行动物和鸟类的特征，为本就备受争议的演化论观点掀起了又一拨骚动。这根来自晚侏罗世的羽毛距今已超过一亿五千万年，在很长一段时间被认为是最早的羽毛化石记录。

上图

孔子鸟 中国辽宁省

Confuciusornis

这块鸟类化石出自中国的辽宁省，是孔子鸟目下的一名成员。孔子鸟目（*Confuciusornithiformes*）因前足具明显的爪，被认为是某种鸟的祖先。其属名取自中国哲学家孔子（Confucius），它们是已知最早拥有喙部的鸟类。

第 10 页:

孔子鸟 中国山东省平邑县

Confuciusornis

这是另外一张孔子鸟影像，我们可以清楚地看到，即使已经演化出了更长且更复杂的羽毛，它们仍然保留了爬行动物的身体结构。

华丽琴鸟

澳大利亚东部

Menura novaehollandiae

华丽琴鸟是一种生活在澳大利亚森林中的鸟类，此种鸟类以雄性可以模仿各种环境声音而闻名，无论是其他鸟类的叫声还是锯木声，样样精通。雄性的羽毛展开时仿佛一架七弦竖琴，在求偶期起着决定性的作用。

琴鸟的求爱仪式与它们的鸣叫一样复杂。雄鸟会建造一个小土堆，站在上面，舒展美丽的羽毛，尽情歌唱，用极其华丽的舞姿吸引异性。

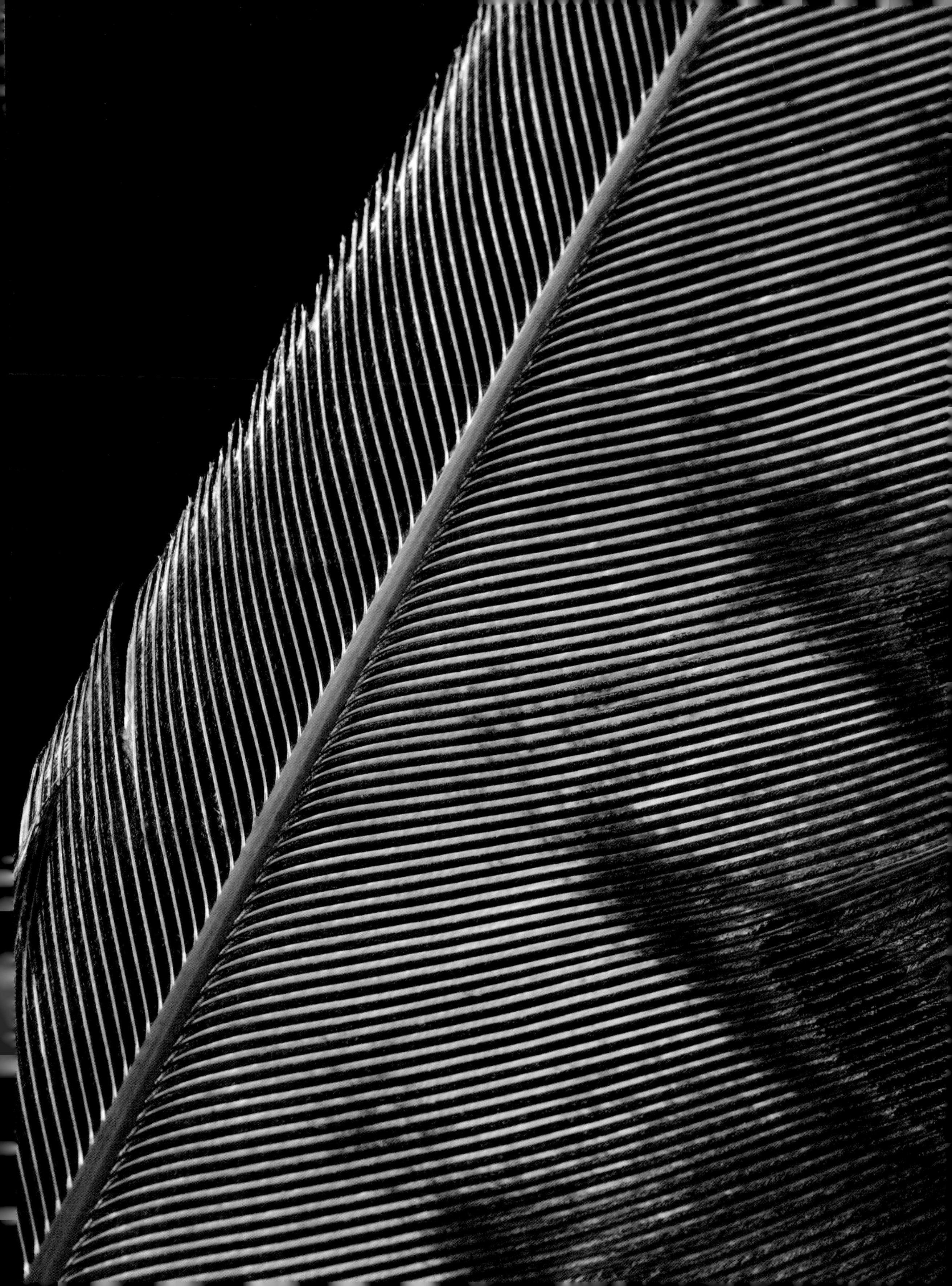

华丽琴鸟

—

澳大利亚东部

Menura novaehollandiae

这是另外一张描述华丽琴鸟装饰性尾羽细节的图片。琴鸟的尾羽仅起到装饰作用，对飞行并没有什么帮助。

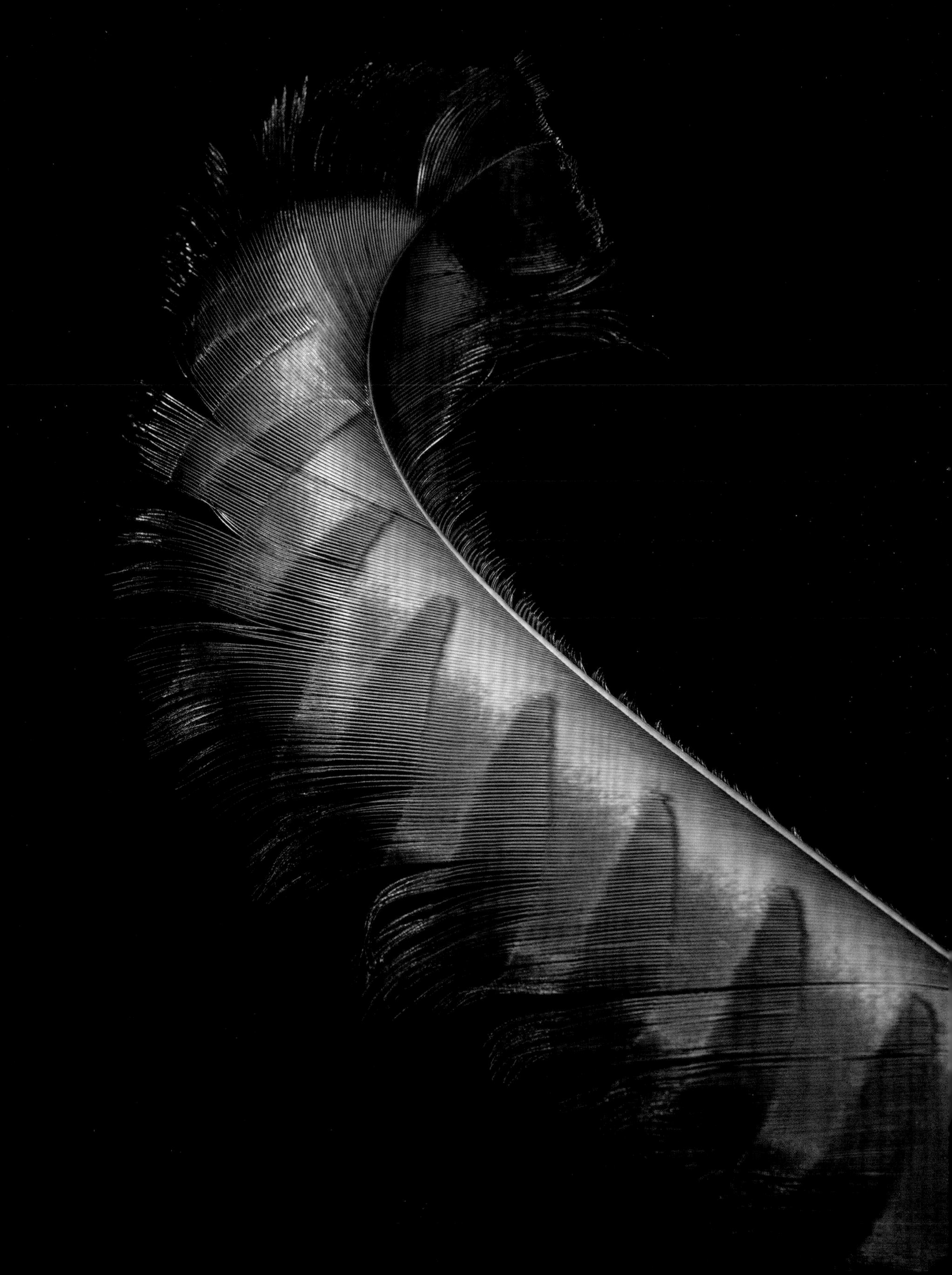

金刚鹦鹉[1]

—

南美洲

Ara macao

金刚鹦鹉身披彩衣，这使它无论身处何处都能完美地融入到环境中。尽管栖息地遭到不断破坏，但目前看来，金刚鹦鹉仍分布广泛，且能用灵活的适应性来规避影响种群水平的主要威胁。

这种鹦鹉的羽毛色彩从大红到深蓝。图中是它的一根大覆羽。鸟类的覆羽覆在其他羽毛之外，使空气能够很好地从翅膀和尾部上方流动。金刚鹦鹉那强壮有力的宽大羽翼使其飞行时速高达 56 千米（35 英里）。

①本书所提到的所有种鹦鹉，除虎皮鹦鹉外，按照中国法律，未经国家或省级林业主管部门许可，一律不得贩卖、饲养。

——编者注

琉璃金刚鹦鹉

南美洲

Ara ararauna

琉璃金刚鹦鹉是金刚鹦鹉家族中很有辨识度的一种，由于它们会说话且与人亲近，是世界范围内广受欢迎的宠物。其野生种群遍布南美洲，北达北美的佛罗里达①。琉璃金刚鹦鹉可不是一个小家伙，因此只有又长又壮的初级飞羽才能维持持续的飞行。琉璃金刚鹦鹉飞羽的前缘短、后缘长，弯曲的前缘迫使空气从翼面划过，产生飞行时的上升动力。

①琉璃金刚鹦鹉野生种群只分布于南美至中美洲南部。佛罗里达的种群1985年出现，自发现以来缺乏确切而持续的繁殖报告。其来源应为逃逸。——编者注

琉璃金刚鹦鹉

—

[细节图]

琉璃金刚鹦鹉初级飞羽弹性羽轴细节图。

斑鸫

—

亚洲东部到西伯利亚中东部

Turdus eunomus

这是一只鸫科鸟类身体右侧羽毛的平铺图，从柔和易弯曲的半绒羽到坚硬的飞羽，它向我们展示了生长在羽翼上的多种多样的羽毛类型。

Wing: 135,5 mm

威氏极乐鸟

—

巴布亚新几内亚西部

Diphyllodes respublica

这张图片向我们展示了威氏极乐鸟的一支紧紧卷起的尾羽。本种鸟类最奇特的地方在于雄性精心设计的吸引雌性的表达方式。在交配季节，雄鸟会先在森林中清扫出一块干净的空地，移去所有的树枝和碎石。当雌鸟出现时，雄鸟便秀出一场令人眼花缭乱的舞蹈。

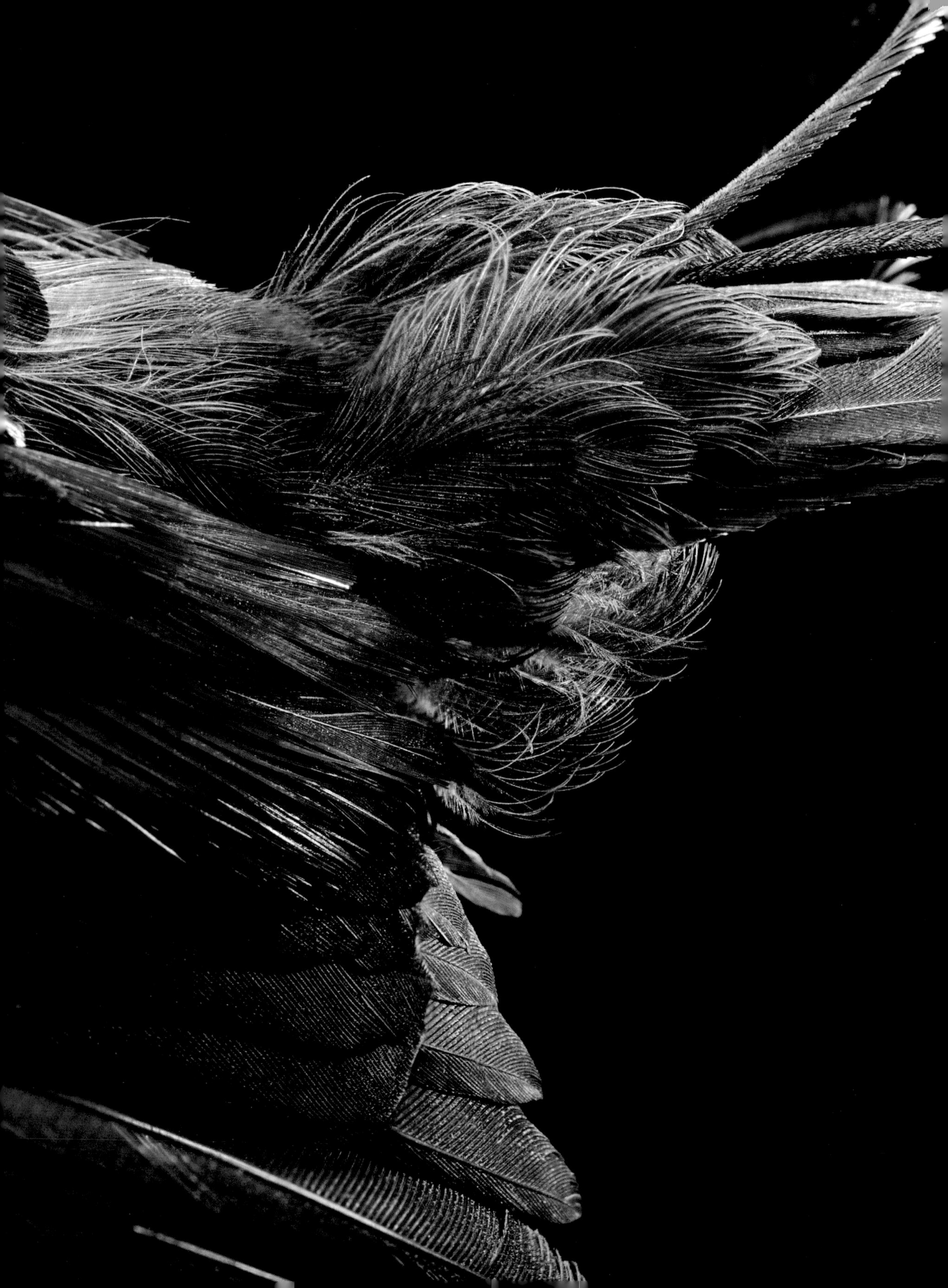

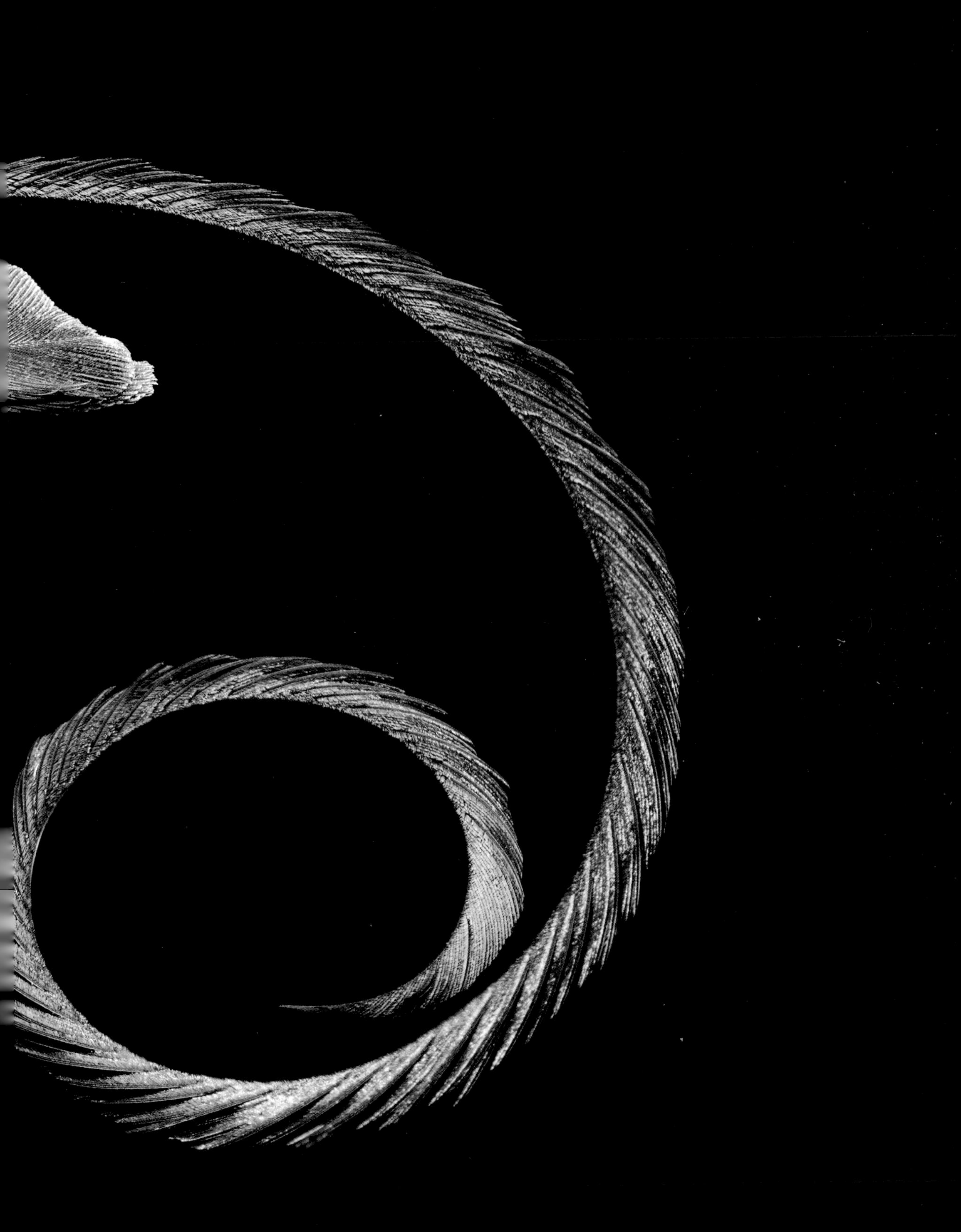

红极乐鸟

巴布亚新几内亚

Paradisaea rubra

巴布亚新几内亚有 700 多种色彩艳丽的鸟类，红极乐鸟只是其中一种。由于新几内亚岛上仅存少数几种食鸟动物，因此本地鸟类种群在几乎没有压力的环境下呈现一派繁荣之势。

在极乐鸟家族中，红极乐鸟是两性异型表现最突出的一种。与威氏极乐鸟类似，雄性红极乐鸟也在求爱季节炫耀着它们那夸张奢华的羽毛。在心仪对象面前不断地跳动，将艳红色的尾羽拱成巨大的扇形，并伸出尾部的两条螺旋线状翎毛，这一切都是为了赢得交配机会。

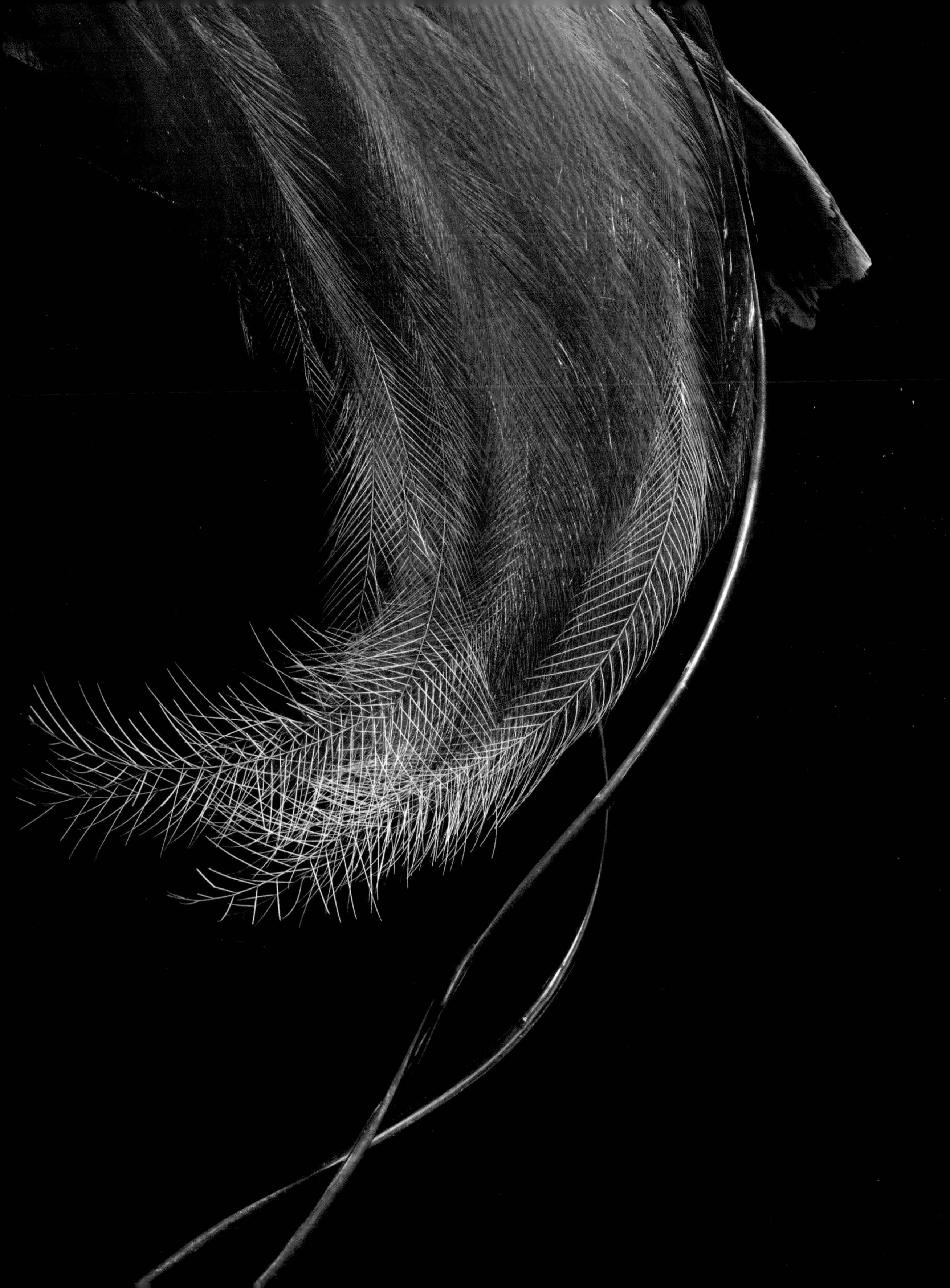

王极乐鸟

—

巴布亚新几内亚

Cicinnurus regius

王极乐鸟的羽毛大体呈亮红色，翅膀形状极为特殊。图中那一对尾羽并没有什么功能性的用处，但和其他的极乐鸟一样，王极乐鸟会在复杂的求偶仪式中用上这对奇异的装扮。

巨鹱

南极地区，遍及南乔治亚岛

Macronectes giganteus

这种生活在极地的鸟类是个吃苦耐劳的家伙。它们必须在严酷的环境中求生存。为了活下去，这些鸟类演化出了生理和遗传上的适应特征，其中包括能过滤掉盐分的鼻腔通道以及充满了蜡酯的腺体——鸟儿通过喷射蜡酯来抵御敌害。由于以腐肉、内脏、死鱼、垃圾为食，巨鹱通常被称为“臭气弹”。

图中的巨鹱羽翼展示了其密集叠加的羽毛，这种覆在一起的排列形式构成了一种大展弦比的羽翼类型。有了这种羽翼，巨鹱无论在何种条件下，都能使其在巨大的领空飞翔时总是保持滑行状态，体能消耗最小。

大眼斑雉

东南亚、马来西亚

Argusianus argus

乍看之下，大眼斑雉就像是雉科（Phasianidae）家族中安静觅食的类型。其羽毛中最美的部位就长在了翅膀上，仿佛身上最耀眼的明珠。到了交配季，雄性斑雉会展开翅膀，跳着复杂的求偶舞，向雌性展示身上那迷人的圆锥斑点。这些眼状的大斑点称为眼斑，主要生长在初级和次级飞羽上。一些演化生物学家认为这些眼斑的作用类似于种子，斑点越多的雄性，生殖能力越强，因此也更易获得异性的青睐。

大眼斑雉

—

[细节图]

雌性大眼斑雉的羽毛特写。雌性个头小，羽毛暗淡，眼斑的数量也更稀少。

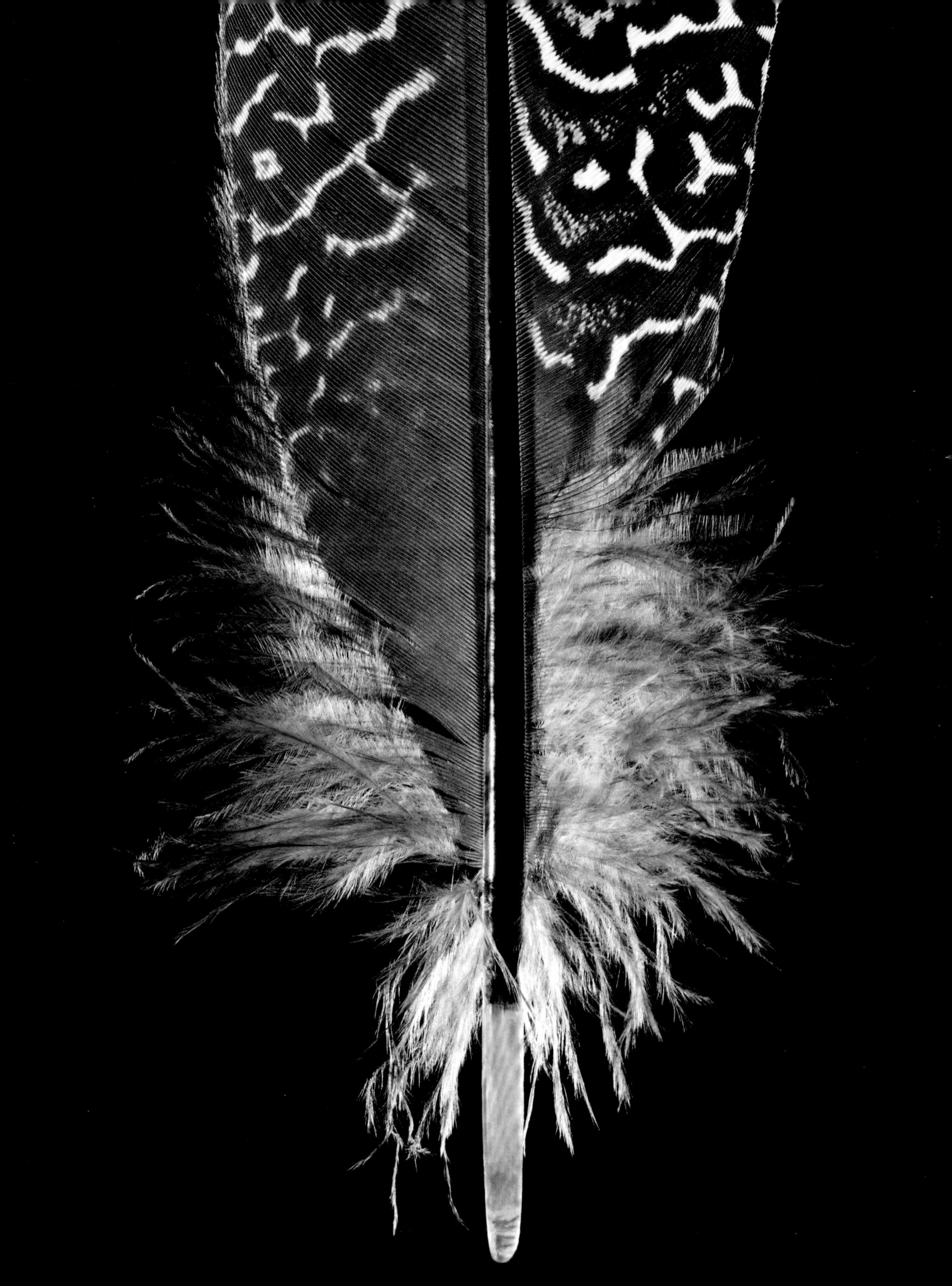

金头绿咬鹃

中美洲及南美洲最北端

Pharomachrus auriceps

数百年来，人们一直苦苦寻找绿咬鹃的羽毛，古代中美洲的玛雅人和阿兹特克人就曾用当地绿咬鹃——凤尾绿咬鹃的绿色羽毛饰其皇冠。而这种金头绿咬鹃，主要生活在玻利维亚、哥伦比亚、厄瓜多尔、秘鲁和委内瑞拉的山林中。与其他绿咬鹃不同的是，金头绿咬鹃的头部是橙色或金色的，尾羽则呈黑色。这些羽毛拥有一种特殊的结构，使得阳光照射到羽毛表面时，只有绿色光得到反射，使羽毛呈现绿色，这称为结构色；而羽枝基部则由于色素而呈现红色。

阔嘴鹬

非洲东部至澳大拉西亚[1]

Calidris falcinellus

本组阔嘴鹬羽毛的展开图展现了其繁多的羽毛类型。这些覆盖身体的羽毛包括了整齐划一的前翼缘飞羽，也有能够保暖的蓬松多变的羽毛。这些羽毛还可保护阔嘴鹬免受生境内飞溅海浪的侵袭。

①澳大拉西亚（Australasia）狭义的指澳大利亚、新西兰及附近南太平洋诸岛。广义的还包括太平洋岛屿（美拉尼西亚、密克罗尼西亚和波利尼西亚），范围与大洋洲同。此处为狭义。——编者注

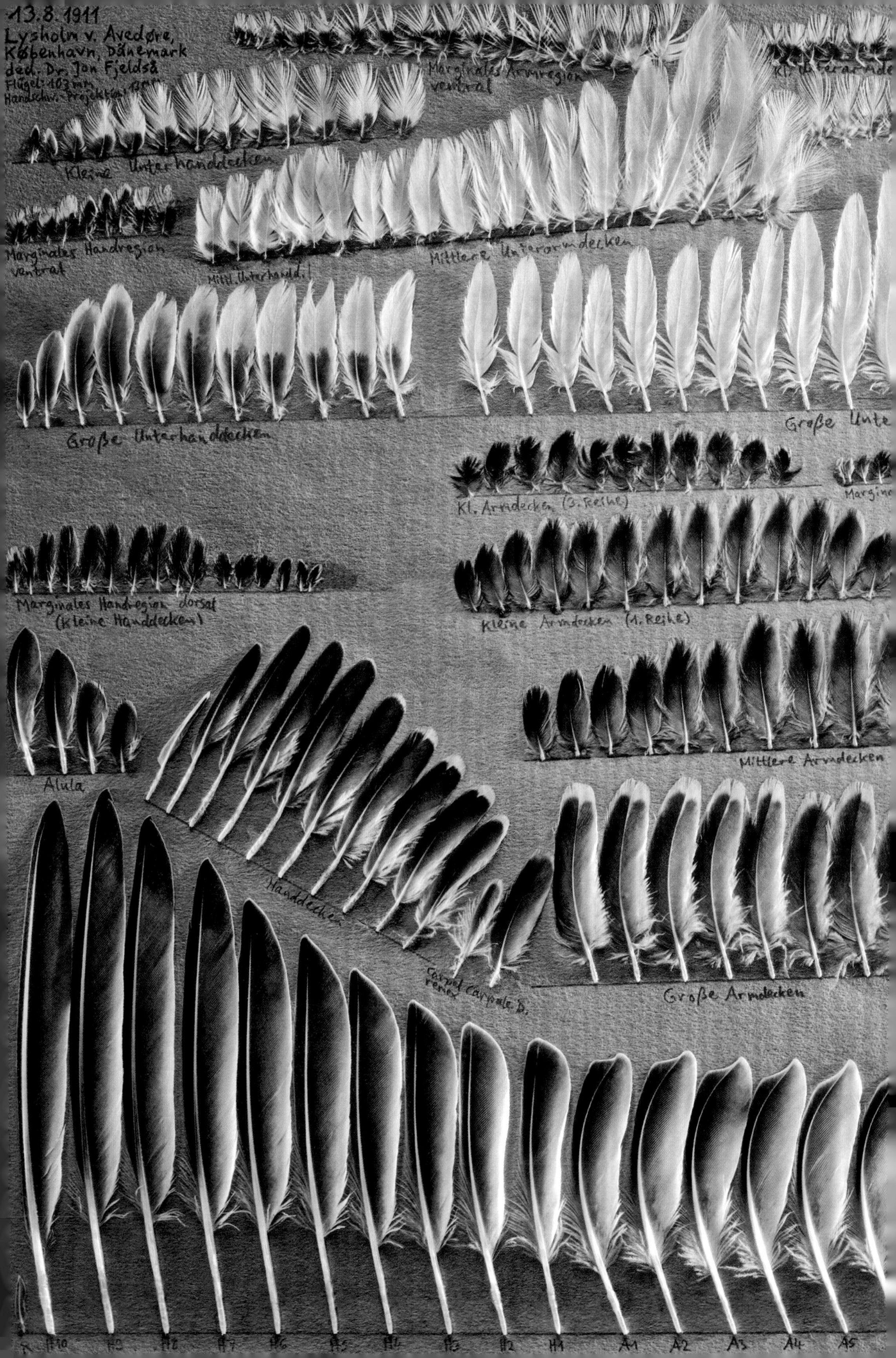

13.8.1911
Lysholm v. Avedøre,
København, Dänemark
ded. Dr. Jon Fjeldså
Flügel: 103 mm
Marginales Armregion ventral
Kleine Unterhanddecken
Marginales Handregion ventral
Mittl. Unterhandd.
Mittlere Unterarmdecken
Große Unterhanddecken
Große Unte
Kl. Armdecken (3. Reihe)
Marginales Handregion dorsal (Kleine Handdecken)
Kleine Armdecken (1. Reihe)
Alula
Mittlere Armdecken
Handdecken
Große Armdecken
H10
H9
H8
H7
H6
H5
H4
H3
H2
H1
A1
A2
A3
A4
A5

Limicola falcinellus
Sumpfläufer ♀ juv.
194 / 1
Kropf
Kehle
Kinn
Ohr
Scheitel
Nacken
Bauch
Brust
Flanke
Vorderrücken
Hinterrücken
Bürzel
Kleine Armdecken (2. Reihe)
Scapulares
Humeraldecken
Unterschwanzdecken
Oberschwanzdecken
A8
A9
A10
A11
A12
A13
A14
A15
A16
S6
S5
S4
S3
S2
S1

小雪雁

北美，北极圈

Anser caerulescens caerulescens

小雪雁[1]是雁族的白色种类里迁徙路途较远的一种。它们的拉丁名中的“caerulescens”意为“蓝色”，源于其每年换羽期的羽色。下图展现了高空中会呈现指叉的小雪雁翅膀，该形态可以让其在长途飞行中提高效能，减少过多的能量耗损。这张羽毛图像的右上部，有个“小指”般的构造，小雪雁在风掠过翼面时用其改变羽翼与气流的夹角。

①小雪雁不是一个物种名，而是雪雁的指名亚种（*Anser caerulescens caerulescens*），因为个体比较小，所以翻译为小雪雁。
——编者注

小雪雁

—

[细节图]

这是小雪雁一根强有力的羽毛的羽根细节图。羽根位于羽轴的根部。

绿啄木鸟

—

欧洲东部、亚洲西部

Picus viridis

尽管“官方”将其纳入啄木鸟家族的门下，但绿啄木鸟却并没有花大量时间待在树上捉虫子。相比在树上找食吃，这种鸟类更喜欢吃地上的蚂蚁。两性均为青黄色，头顶红冠，臀部亮黄色。图中展示的是次级飞羽，这种羽毛只有在啄木鸟飞翔时才能看到。

北扑翅䴕红羽亚种[1]

北美洲

Colaptes auratus cafer

这是北扑翅䴕的一个常见的亚种，北扑翅䴕红羽亚种的羽毛已演化得更为适应当地生活。锯齿状的羽毛边缘带来了两大益处：可使北扑翅䴕快速连续飞翔；坚韧的羽干，即羽毛中间的轴，能使其在凿开树皮钩食一窝小虫的同时，支撑身体牢牢地直立于树杈之上。

①原文为red-shafted flicker，是北扑翅䴕的一个亚种（*Colaptes auratus cafer*），暂无正式中文译名，本书拟译为红羽亚种。

——编者注

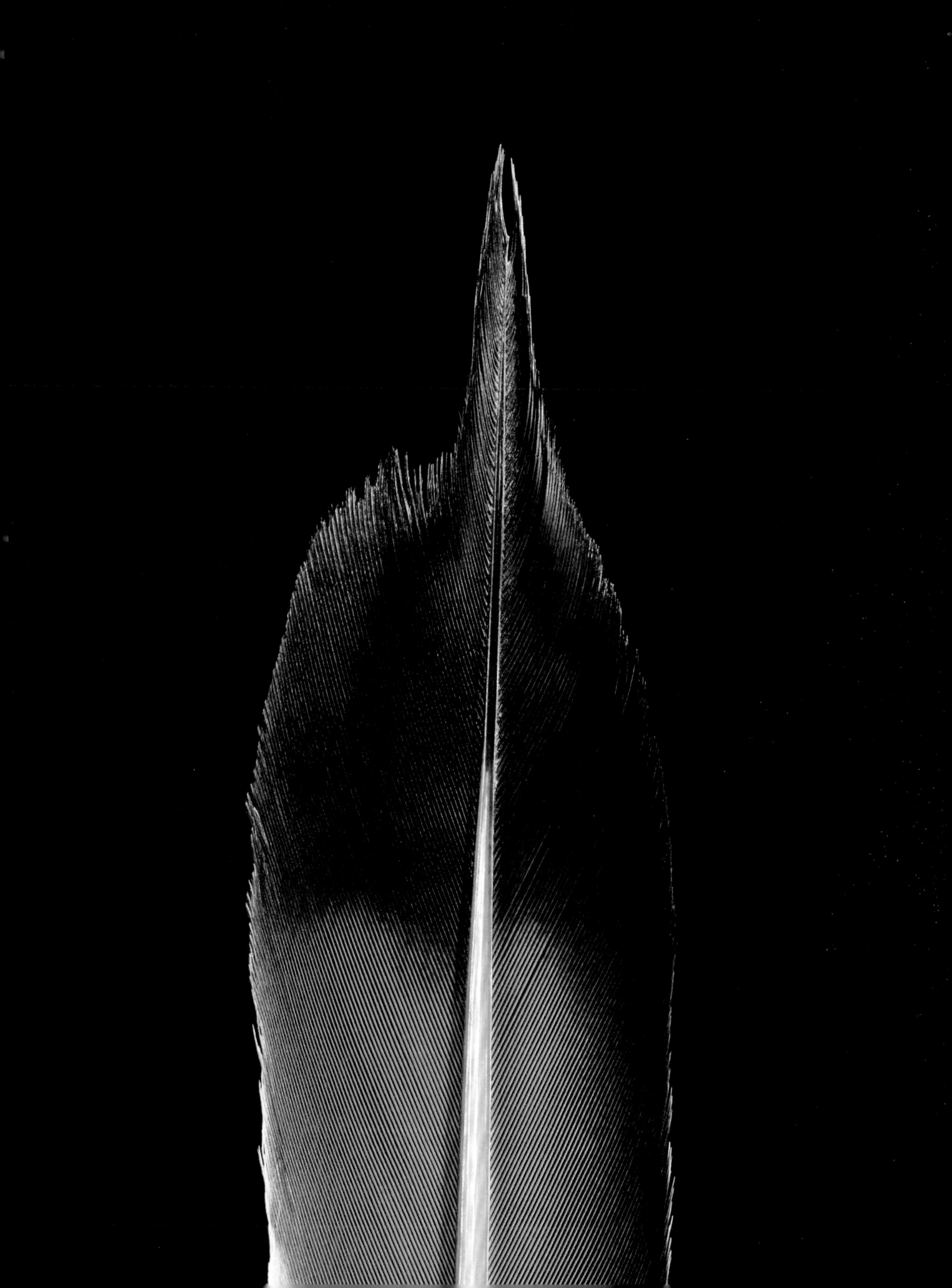

北扑翅䴕指名亚种[①]

北美洲

Colaptes auratus auratus

虽然大多数啄木鸟为树栖，但北扑翅䴕指名亚种却更喜欢在林下找食吃。这张图片展示了其次级飞羽顶端明显的凹刻。在飞行过程中，带有凹刻的羽毛排成直线，形成缺刻，迫使气流由此通过，增加了向上的动力。

①原文为common flicker，是北扑翅䴕的指名亚种（*Colaptes auratus auratus*）。——编者注

红冠蕉鹃

安哥拉西部

Tauraco erythrolophus

红冠蕉鹃羽毛中所显示出来的颜色主要来源于由氨基酸转化而来的卟啉(porphyrin)。当被紫外线照射时，卟啉可产生一系列颜色，包括棕色、绿色、粉色和红色。但红冠蕉鹃的羽毛闪耀着明亮的红色是因为卟啉与酸形成了一种与生俱来的有机化合物。

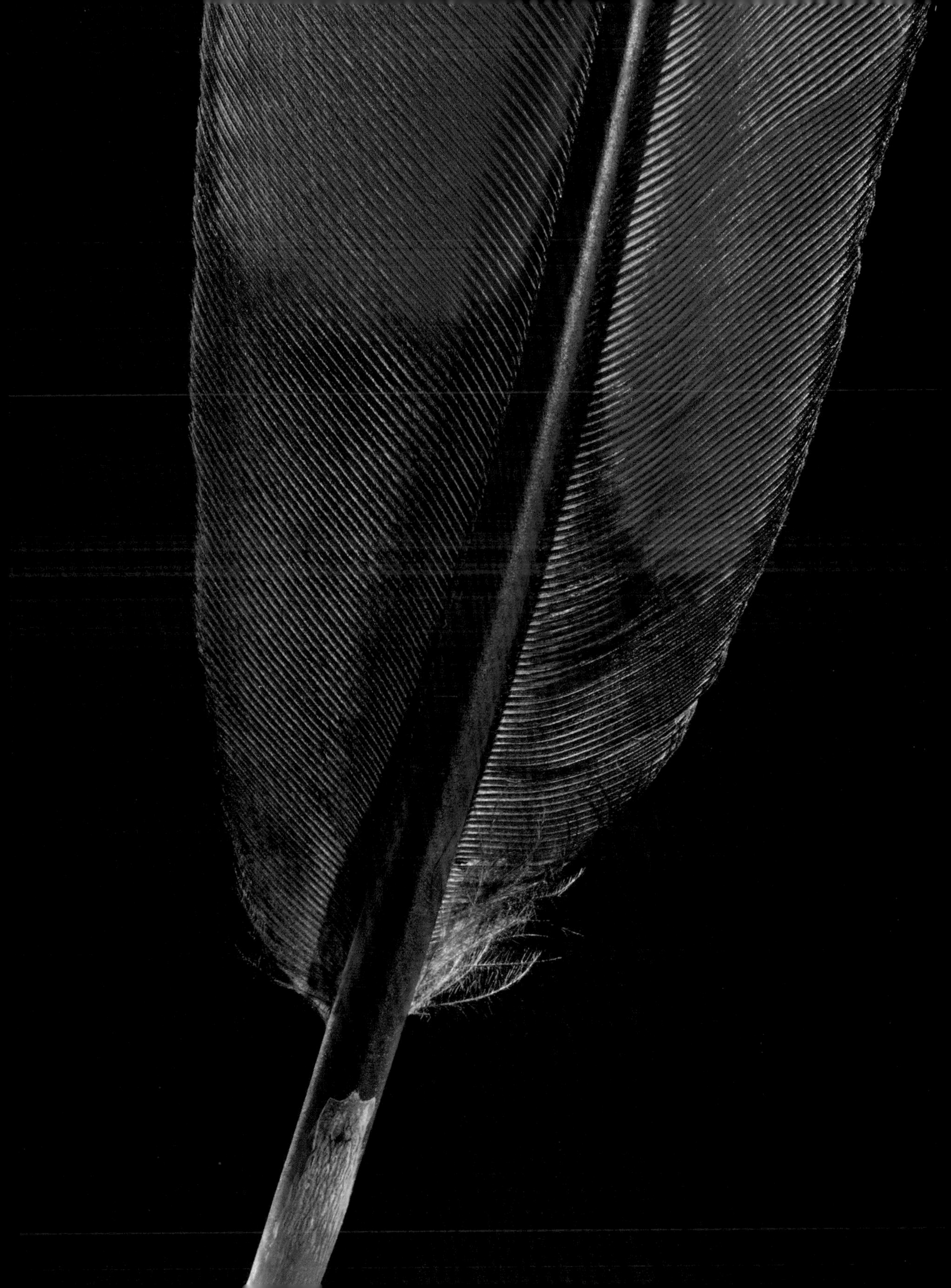

血雉

东喜马拉雅

Ithaginis cruentus

这种体形较小的雉是实力强悍的跑手，但并不善于飞行。猎鸟[1]状的翅膀并不能满足持续的飞行，仅可用来帮助它们在逃生时快速穿过狭窄的空间。相比于雌性血雉，雄性的羽毛色彩更令人惊艳。

①猎鸟即传统作为狩猎对象的鸟，通常多为鸡形目和雁形目鸟类。——编者注

雉鸡东北亚种

—

朝鲜半岛的高山及中国东北部

Phasianus colchicus pallasi

这是雉鸡的一个亚种。羽毛两性异型，即雌雄两性的外表大相径庭。雌性雉鸡的长相极为普通，相比之下，为了吸引异性，雄性则身着和谐的幻彩霓裳。

白鹇

东南亚、中国大陆地区

Lophura nycthemera

幼年白鹇全身布满棕色斑点。随着年龄的增长，雄性会渐渐变成纯白色①，而雌性个体则仍旧维持棕色斑纹。白鹇主要分布于东南亚地区，因其性格温顺且不会破坏花园，多被当作宠物饲养②。

①白鹇共有15个亚种，并不是每个亚种的雄性都会变成全白。有的亚种会有较多的黑斑，例如*L. n. engelbachi*，亚种*L. n. lewisi* 的雄性几乎为黑色。 ——编者注

②白鹇属于我国二级保护动物，私自捕捉、贩卖、饲养均属于违法行为。 ——编者注

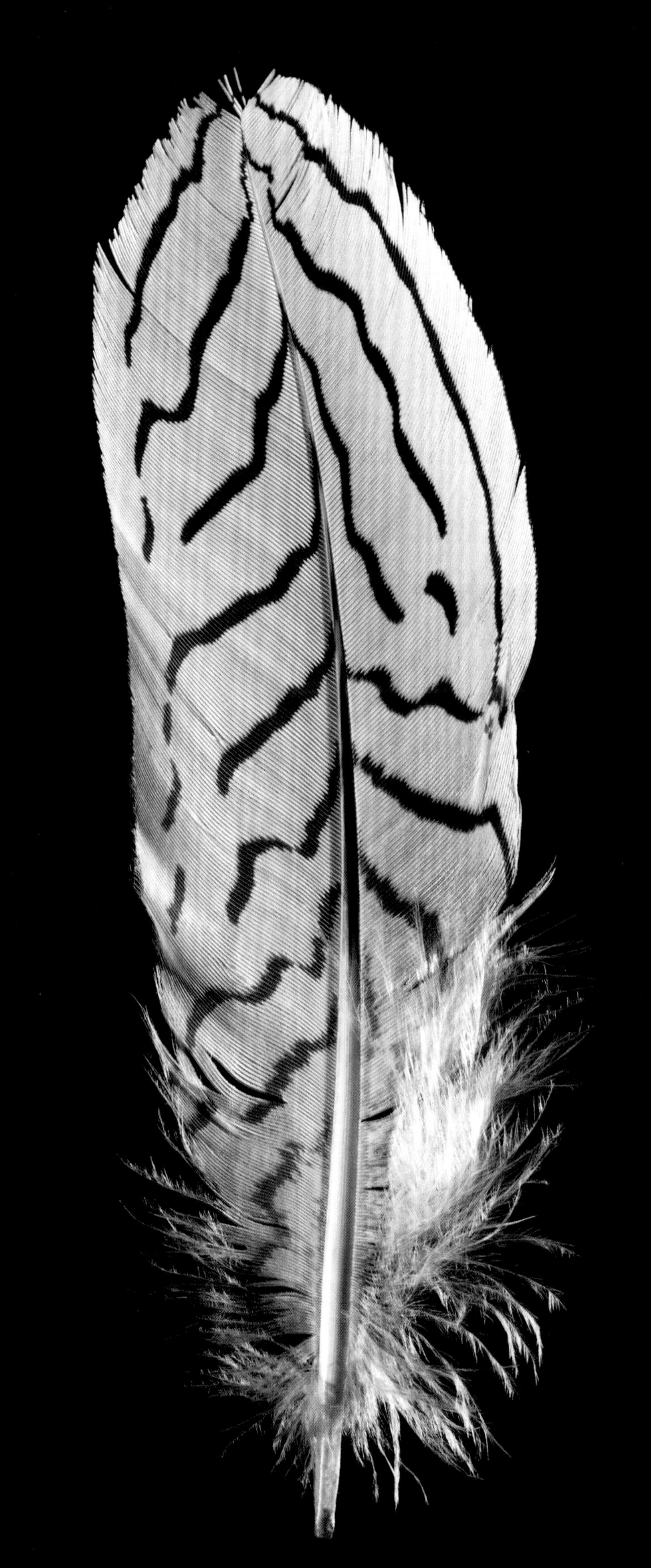

粟头丽椋鸟

—

非洲东部

Lamprotornis superbus

粟头丽椋鸟的飞羽有着夺目的亮绿色，说明这是一种结构色：颜色是由显微结构表面对可见光的干涉和反射形成的。这种会随着位置变化而变色的鸟类过着群居生活，雌性与多只雄性混交，使遗传多样性进一步拓展，而雄性一生中却仅与一只雌性配对。

金胸丽椋鸟

东非、索马里、埃塞俄比亚、肯尼亚以及坦桑尼亚北部

Lamprotornis regius

金胸丽椋鸟又称皇家椋鸟，是一种群居动物。它们生活在共同搭建的鸟巢中，组成一个庞大的家庭，一同哺育幼鸟，这种行为被称为“合作繁殖”。雌鸟、雄鸟形态相似，羽色相仿，幼鸟渐渐成熟，羽色也会愈发鲜亮。这张金胸丽椋鸟羽毛的边缘呈虹彩光泽，很像孔雀的羽毛。这种颜色属羽毛结构色，是由自然光的干涉作用形成的。

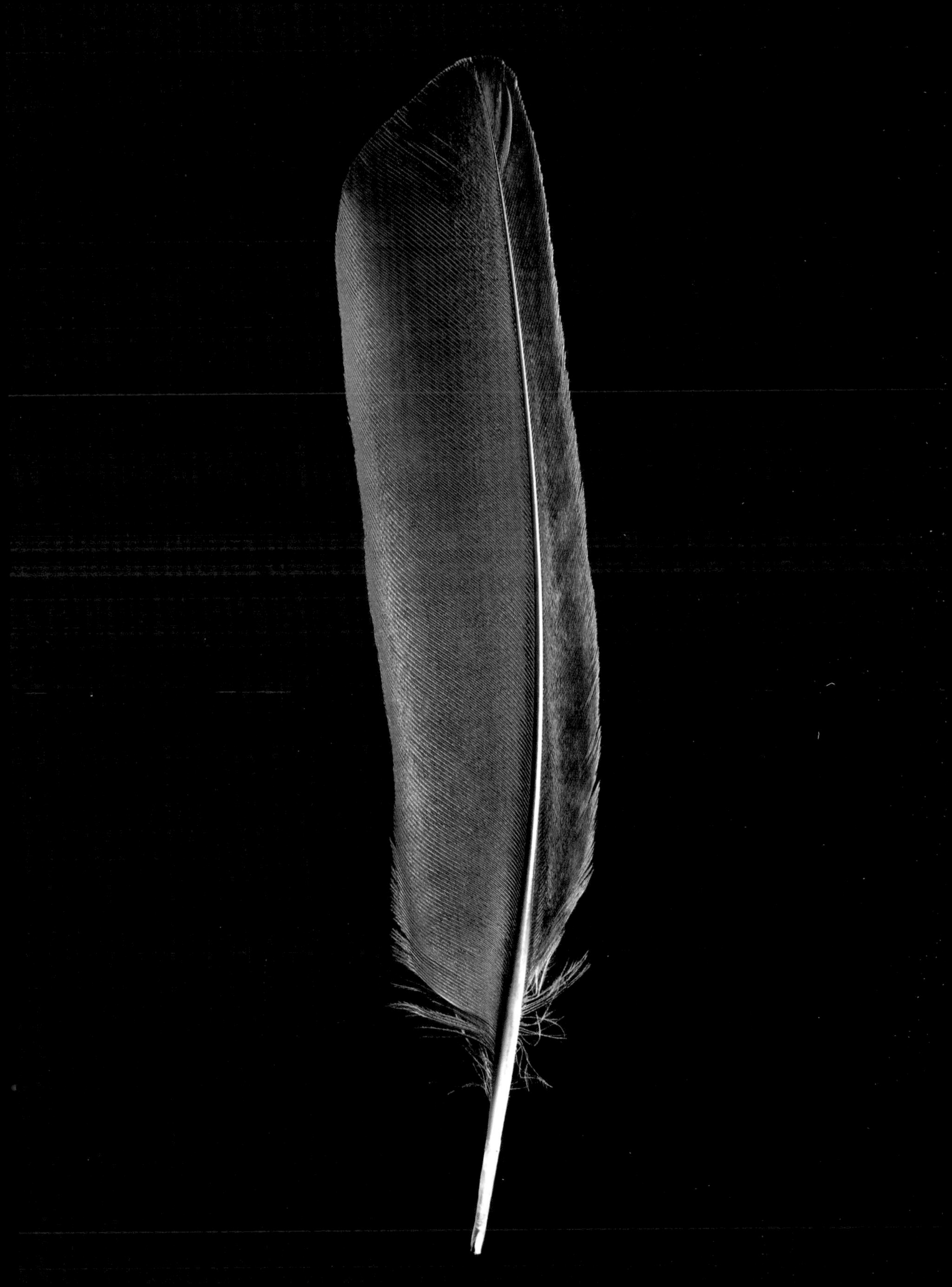

非洲鸵鸟

非洲

Struthio camelus

非洲鸵鸟又被称为“骆驼鸟”（Camel Bird），是陆地鸟类中体长最长的鸟类之一。强有力的附肢[①]使其最高时速可达约 65 千米（41 英里）。羽毛虽然不能用来飞翔，但却可在奔跑中为鸵鸟保持平衡。

①鸟类的躯干部有两对附肢：后肢是腿和脚，前肢特化为翼。——编者注

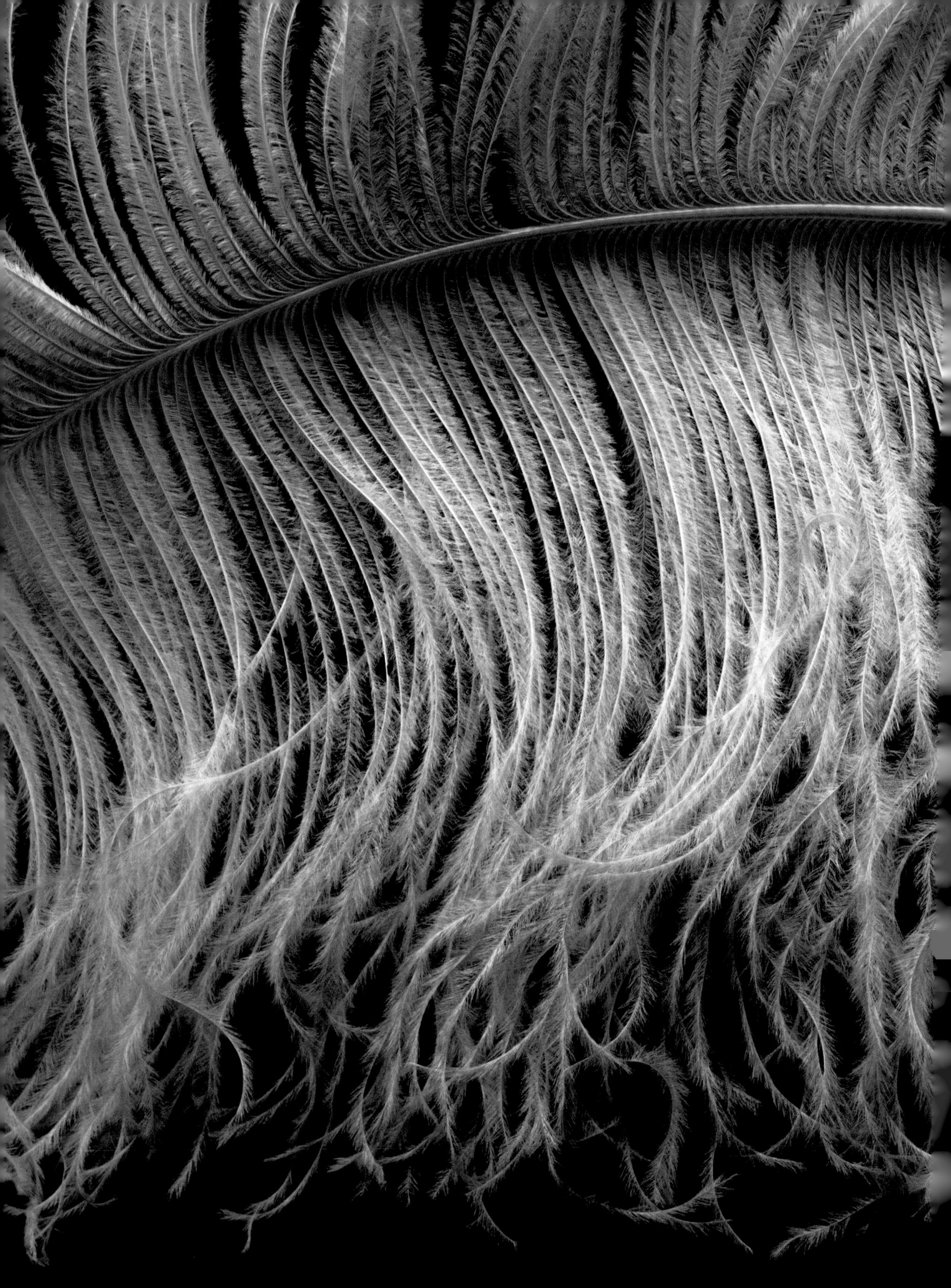

非洲鸵雏鸟

—

这张图像展示了覆盖在细羽绒里的鸵鸟羽须，该情况会一直延续到鸵鸟成年。尽管成年鸵鸟的颈部和腿部无羽毛覆盖，但其附肢则披上了毛发般细长的排成网状的羽毛。

松鸦

欧洲北部及中部地区，亚洲大部及北非

Garrulus glandarius

在自然界中，松鸦和它的美国亲戚冠蓝鸦一样聒噪且八卦，但松鸦的羽色不及冠蓝鸦绚烂。论分布范围，松鸦远胜于冠蓝鸦，从印度到英国都能觅其影踪。

小鸨

从北非到西亚和欧洲

Tetrax tetrax

作为小鸨属（*Tetrax*）的唯一成员，小鸨是古北界[①]鸨中体形最小的一种。遇到危险时，小鸨通常拔腿就跑，而非展翅逃离。与其他的鸨类相似，雄性具有戏剧化的求偶集群炫耀行为：一会儿跺脚，一会儿又跃向空中。

自2015年起，因为生境的破坏，小鸨被世界自然保护联盟（International Union for Conservation of Nature，IUCN）列为近危等级。

①古北界是指以欧亚大陆为主的动物地理分区，是8个动物分区中最大的一个，它涵盖整个欧洲、北回归线以北的非洲和阿拉伯、喜马拉雅山脉和秦岭以北的亚洲，作为面积最大且气候、自然环境和生态栖息地类型非常多样的动物区系，古北界范围在史前时期曾经是很多动物类群的演化中心。

——编者注

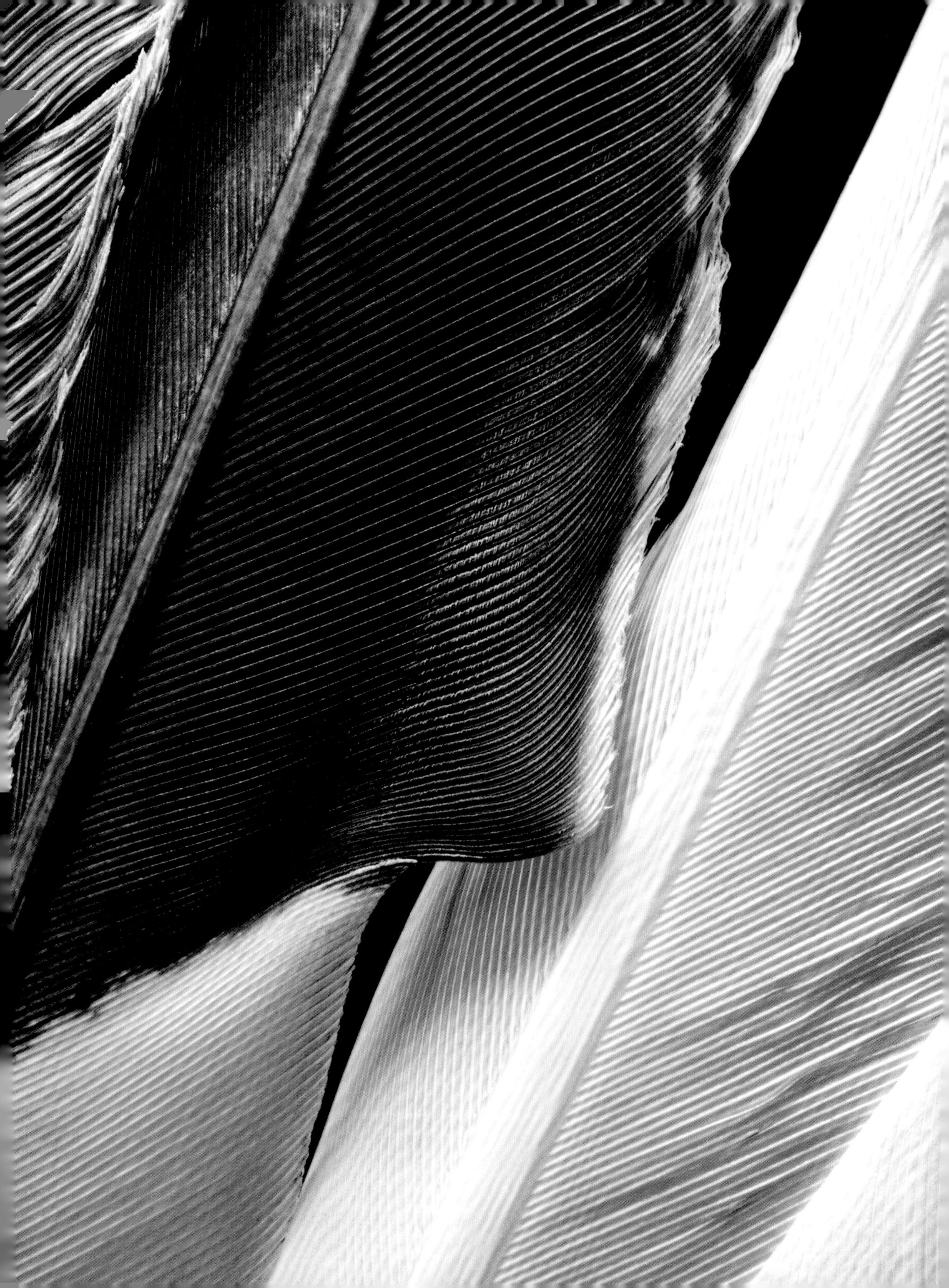

灰原鸡

印度半岛

Gallus sonneratii

如果不是因为身披金黑相间的羽毛，灰原鸡与普通家鸡看起来几乎一模一样。其华美的羽冠是由多支薄如纸片的羽毛叠加形成的。

暴雪鹱

—

北极圈

Fulmarus glacialis

暴雪鹱是生活在地球极寒地区的强壮居民。它们拥有锐尖的翅膀以提高飞行速度，宽厚的肌肉以控制飞行，还有涂了蜡的羽翼以抵抗水侵。如此看来，暴雪鹱完全可以适应居住地的严酷环境。除此之外，暴雪鹱还有一个技能，就是向天敌喷吐蜡酯黏液，让捕食它的鸟类羽毛纠结缠绕在一起，无法飞翔。

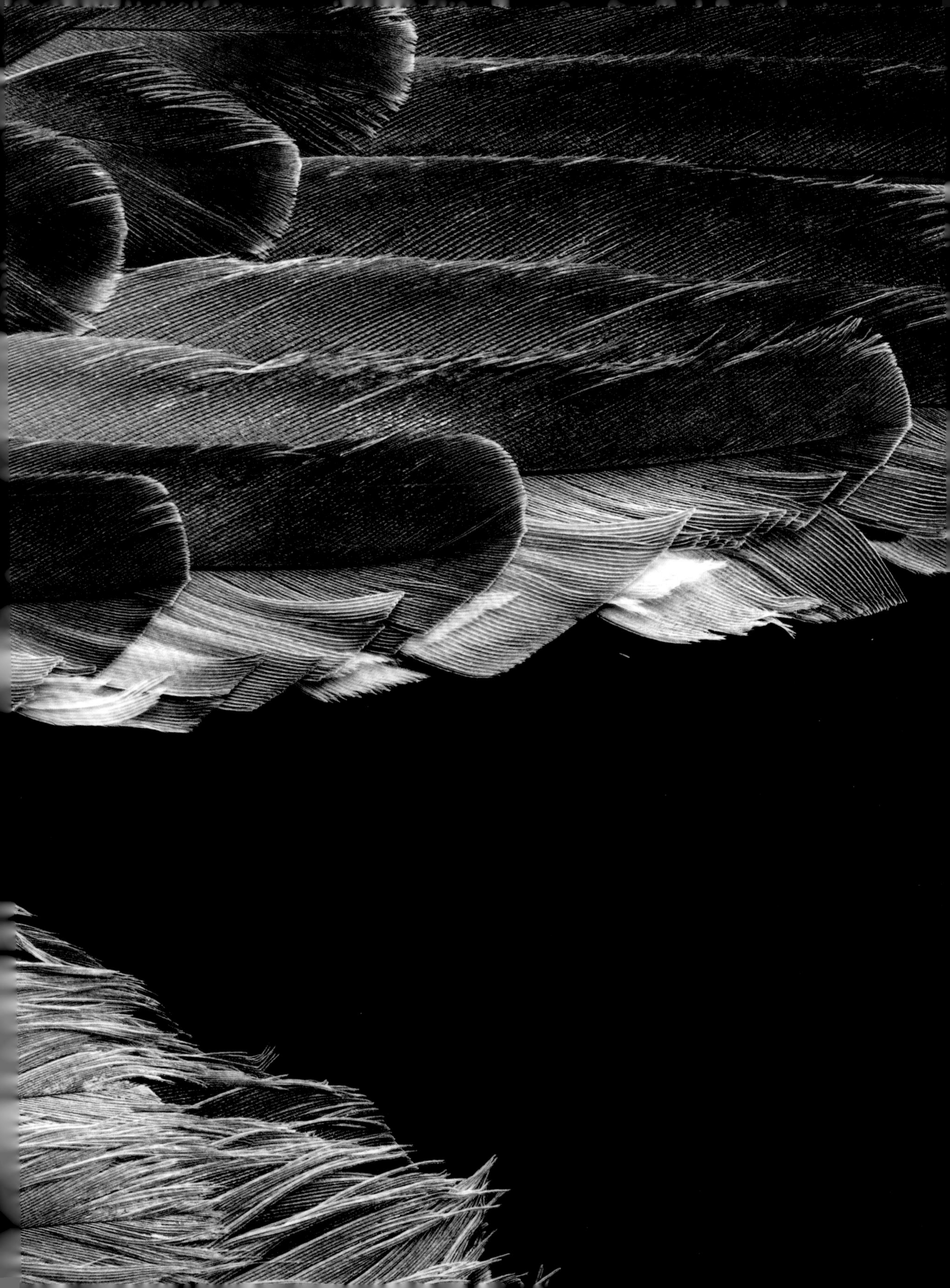

绿头鸭

北半球

Anas platyrhynchos

绿头鸭隶属于鸭亚科（Anatinae），由于浮在水面上且仅以水下浅层的食物为食，又被称为“浮水鸭”（dabbler）。成年雄性绿头鸭用颈基的洁白领环将蓝绿色的头部与身体分隔开来，而雌性的羽毛则呈更加暗淡的褐色。两性绿头鸭的翼镜①均呈金属紫蓝色。

①翼镜指鸟翼上特别明显的块状斑。 ——编者注

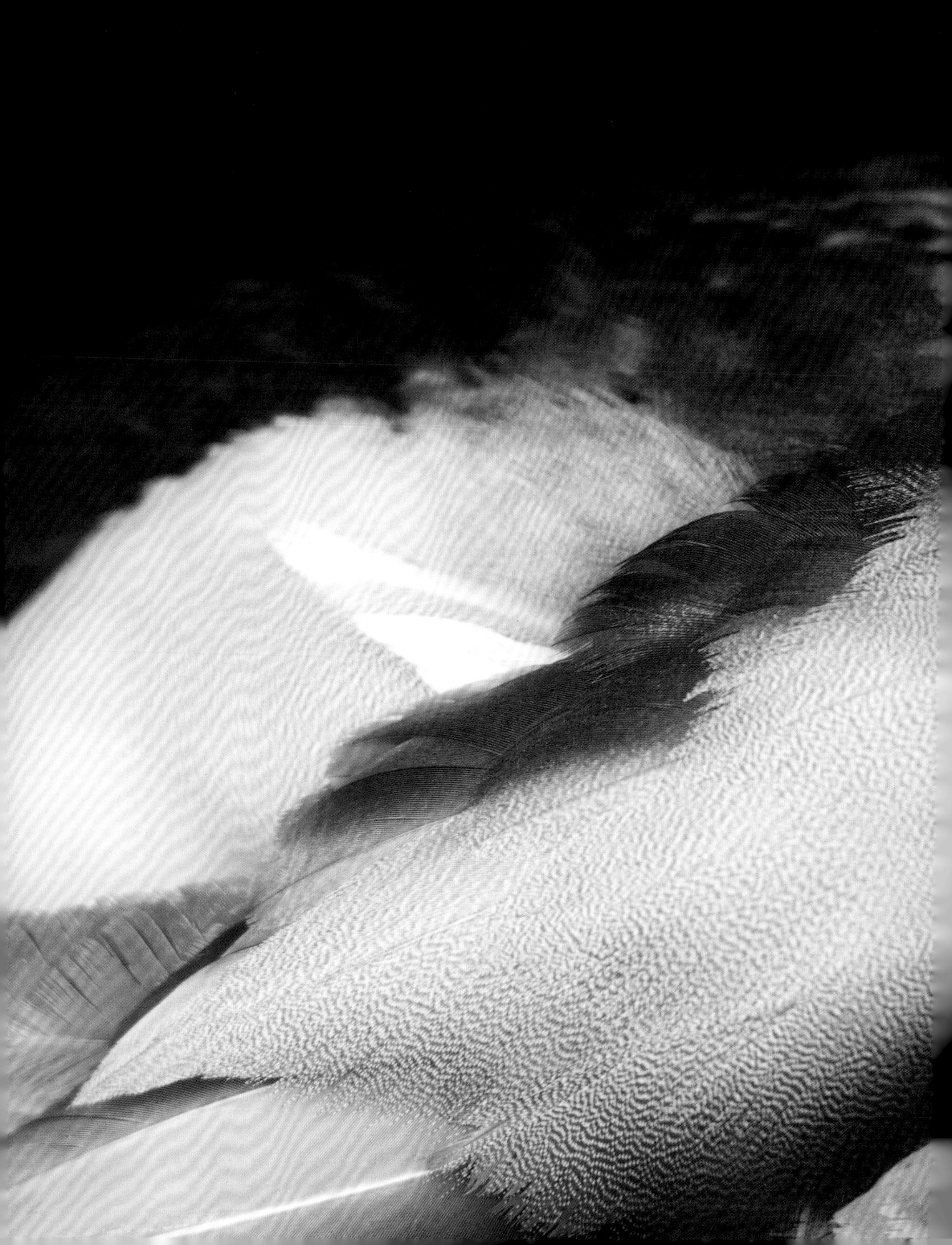

鸳鸯

亚洲、东欧

Aix galericulata

雄性鸳鸯英文又称公鸭（drake），翅上有一对扇状羽，直立如帆。当其浮游于水中时，这对橙色和蓝色组成的帆状饰羽会耸出背部约 5 厘米（2 英寸）。

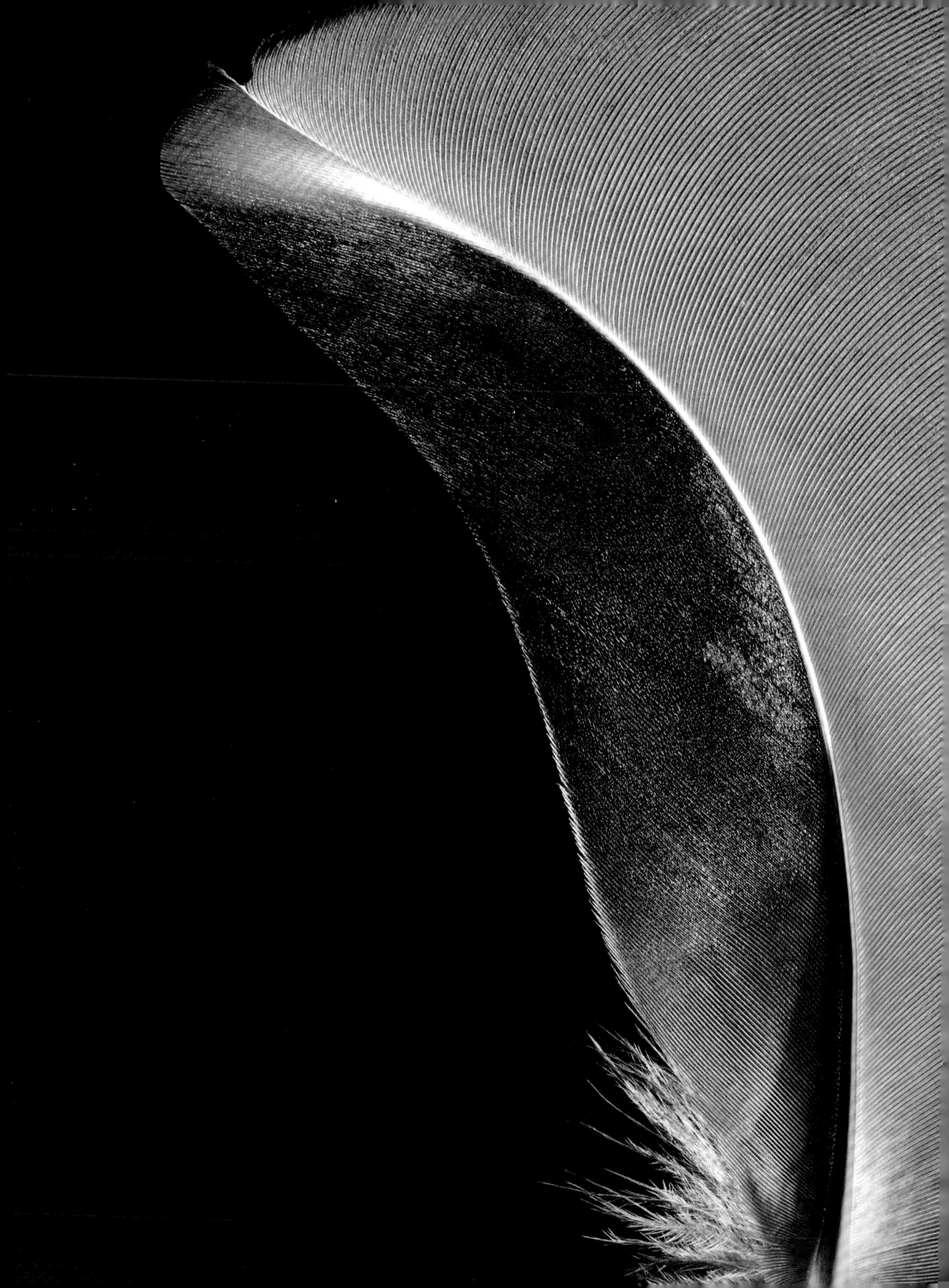

虎皮鹦鹉

—

澳大利亚

Melopsittacus undulatus

蓝色虎皮鹦鹉非凡的色彩是选育的结果。其澳大利亚常见的个体拥有黄色的顶部及绿色的胸羽和侧羽。但持续地培育使这种鸟类的羽色走向了另外一个极端，例如图中所示的白、蓝羽色的品种。

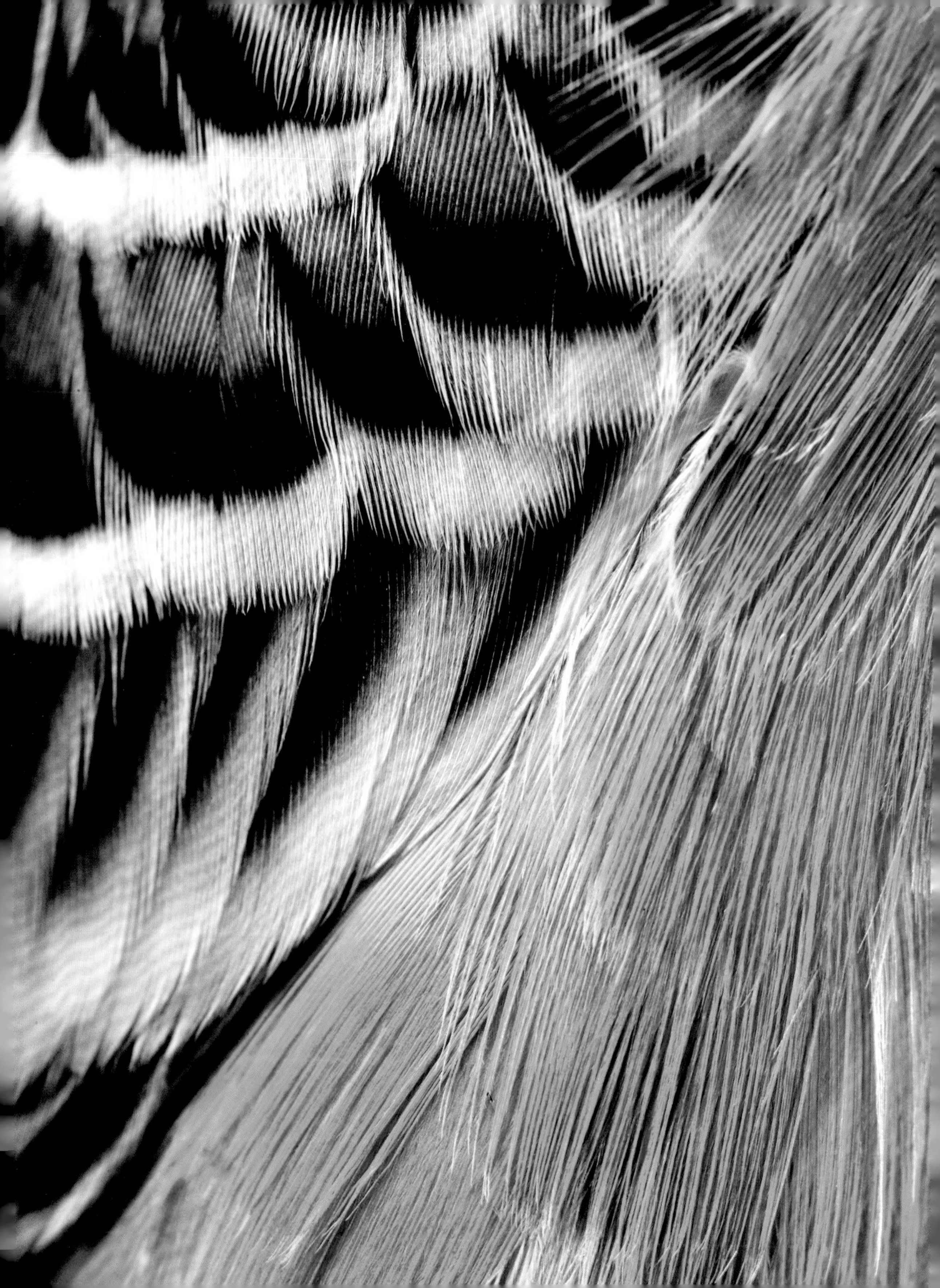

白尾美洲咬鹃

—

亚马孙地区、巴西、特立尼达岛

Trogon viridis

咬鹃隶属咬鹃目（Trogoniformes），因其两趾向前、两趾向后的异趾足而闻名。白尾美洲咬鹃以其震慑人心的美丽尾羽命名，这些美丽宽大的尾羽使求偶展示变得非常隆重。虽然这张照片中羽毛的末端看起来像是损毁了，但这其实是天然形成的。

白冠鹦哥

—

中美洲、墨西哥

Pionus senilis

白冠鹦哥因拥有白色羽毛装饰的顶冠而得名。聪慧和魅力使之成为一种最受欢迎的宠物鸟。图中为该鸟最多彩的尾羽。

红冠鹦哥

墨西哥东北部及美国得克萨斯州南部

Amazona viridigenalis

令人痛心的是，红冠鹦哥不日将可能从这个世界上消失。20 世纪 70 年代起，随着格兰德河三角洲（Rio Grande delta）沿岸种群的消失，红冠鹦哥的数量就开始急剧下降。皆伐[①]（clear－cutting）红冠鹦哥的主要栖地——墨西哥塔毛利帕斯（Tamaulipas）是造成这一切的原因。由于食果动物的生存依赖树上的那些人类不常食用或对人类无用的果实，一旦它们的所在生境遭到大规模破坏，将很难为其提供可替代的食物。

①皆伐指更新伐采林地上的全部林木。——编者注

灰胸鹦哥

—

原产中美洲；入侵种群常见于美洲和欧洲部分地区

Myiopsitta monachus

灰胸鹦哥以其鲜绿色的羽毛闻名于世，很多人将它作为宠物饲养，但我们为此也付出了代价：野生的灰胸鹦哥渐渐渗入了非原生生境，大量栖息地内没有天敌的威胁。灰胸鹦哥是已知唯一一种建造群居巢的鹦鹉，其中一些巢大到可以容纳下 12 对鹦鹉。

蓝顶鹦哥

南美洲

Amazona aestiva

蓝顶鹦哥是一种热门的宠物，可学会50多个字词。这位鹦鹉科（Psittacidae）的成员是一种好奇心强且善于交际的鸟类。与其他鸟类相比，蓝顶鹦哥的眼中拥有更多接收颜色的视锥细胞，即具有“四色视觉”。尽管在人眼看来，雌雄鸟身上的羽毛极为相似，但蓝顶鹦哥那些多出来的视锥细胞却能将色彩间的些微差异分得清清楚楚。

该鸟的英文名（blue-fronted amazon）以眼上方的蓝色斑块为名，周身覆有绿色、红色及黄色的斑块。这张右翼次级飞羽图片凸显了非飞行状态下隐藏于羽翼下方的那抹明黄。

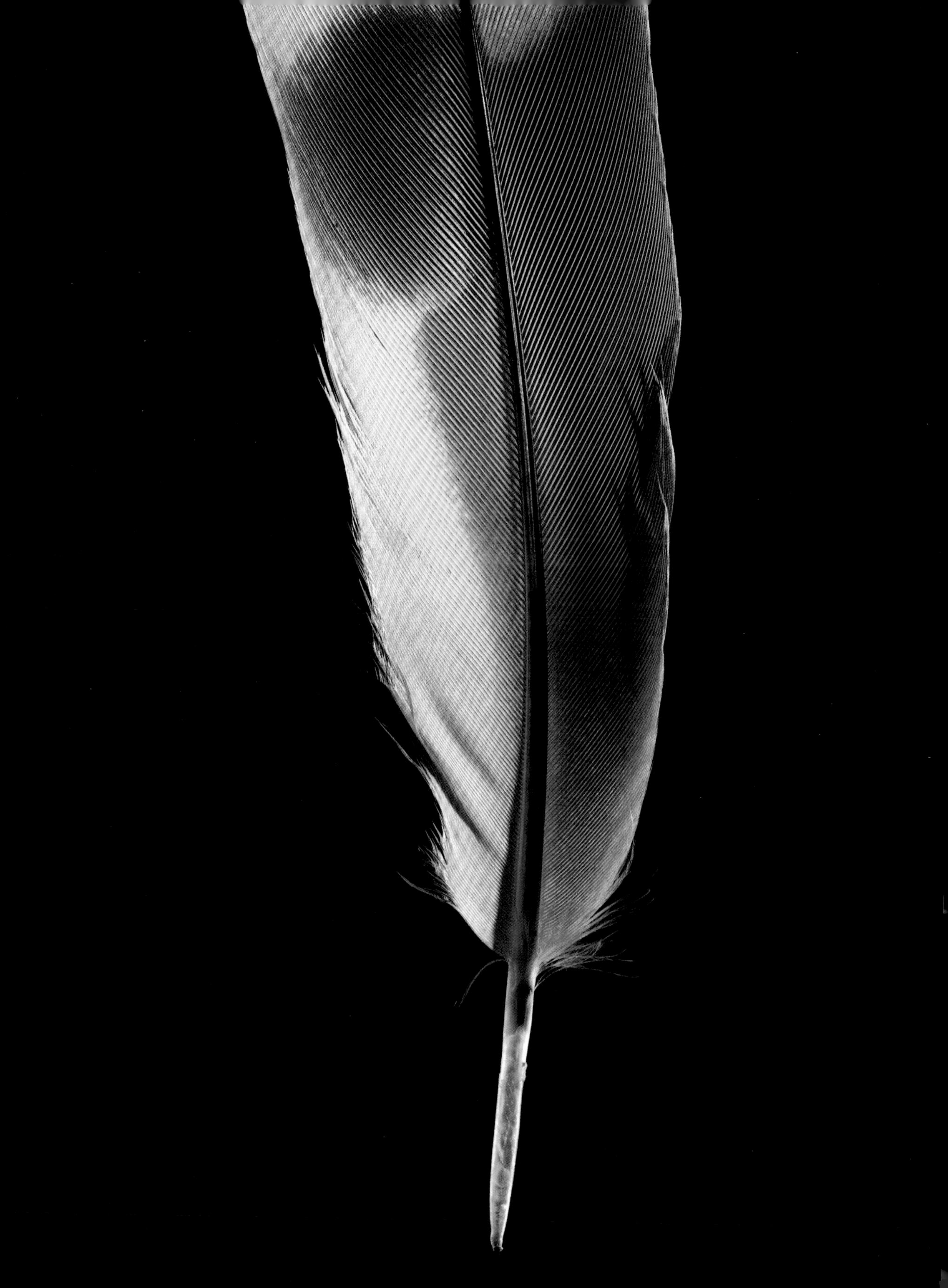

普通雨燕

—

非洲南部、欧亚大陆

Apus apus

普通雨燕几乎终日翱翔天际，因此为适应持续不断地拍打，其翅膀的表面积较小。普通雨燕在飞行中从不滑翔[①]，它更喜欢以跳跃飞行的方式，常常改变方向，有控制地、忽高忽低地舞动。

①原文如此，但事实上，虽然普通雨燕不长距离滑翔，但是的确是会在飞行中滑翔的。　——编者注

叉尾妍蜂鸟

—

南美雨林

Thalurania furcata

叉尾妍蜂鸟的拉丁名中“furcate”源自其分叉的尾羽，这个分叉的尾羽曾被误认为是短小的鸟腿。这张影像就是一根尾羽，尽管鸟的自重才不过几克，这根尾羽却长达约 5 厘米（2 英寸）。

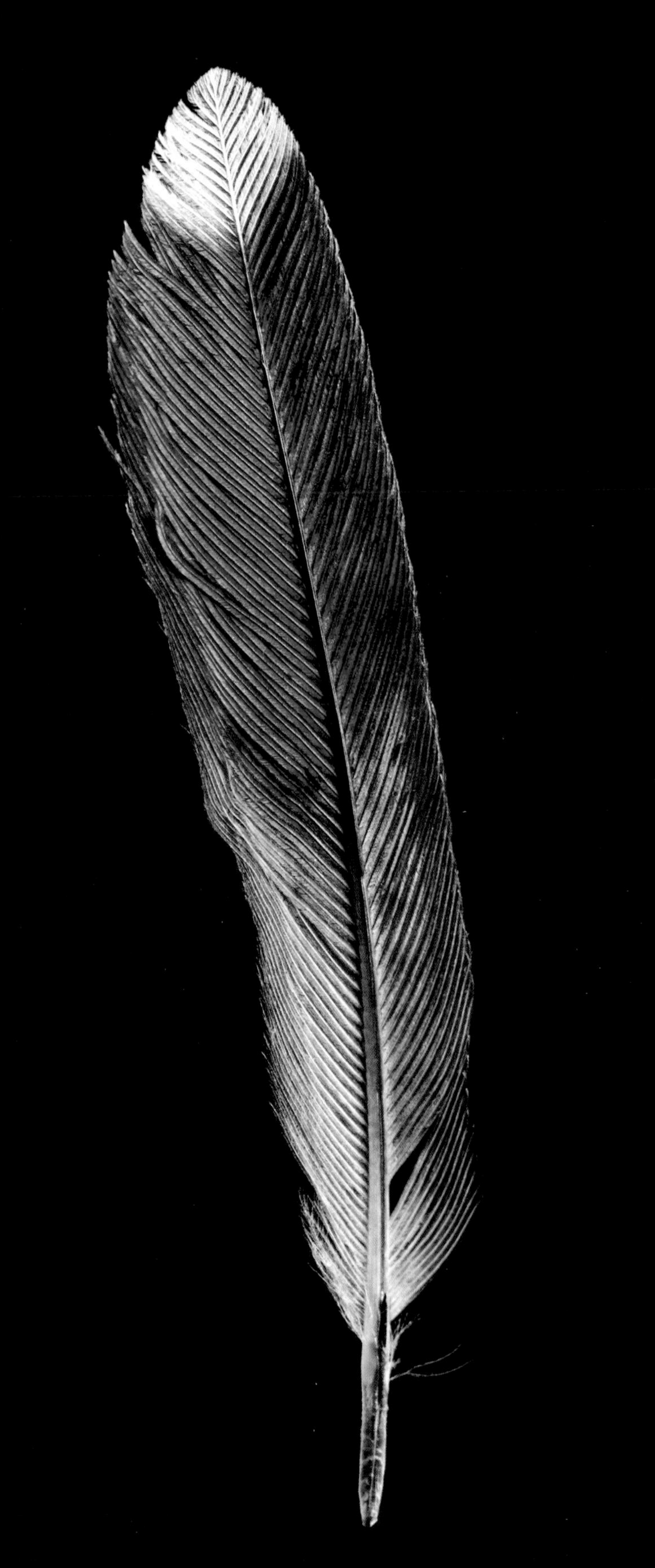

紫胸佛法僧

非洲撒哈拉沙漠以南地区、阿拉伯半岛

Coracias caudatus

作为领域性鸟种，紫胸佛法僧会不遗余力地保卫自己的巢穴。它们喜欢栖息在树顶、电线杆，以及其他高高在上的、能提早发现捕食者来袭的有利位置。两性的羽色相同，幼鸟与成鸟看起来也极为相似，只是成鸟拥有长长的尾羽。这张照片展现了其亮蓝色的次级飞羽，与背部柔和的橙色形成了鲜明的对比。

棕胸佛法僧

印度次大陆南部

Coracias benghalensis

和亲戚紫胸佛法僧相似，佛法僧家族的这位成员最出名的要数其精心准备的求爱过程了。为了吸引异性，棕胸佛法僧在空中不断地向下俯冲、翻跟头，展示着自己无与伦比的蓝色羽衣。这件华裳要从羽翼下方观看才最为夺目。

红嘴蓝鹊

—

喜马拉雅以东，从中国到越南均有分布

Urocissa erythrorhyncha

同大多数喜鹊一样，红嘴蓝鹊也超级喜欢恶作剧且好奇心极强，有时它们甚至会从其他鸟类的巢中偷鸟蛋或幼鸟。红嘴蓝鹊的翅膀前缘有些小小的缺刻，使羽毛间可以紧密地覆在一起，这种构造很适合红嘴蓝鹊快速或突然地飞行。

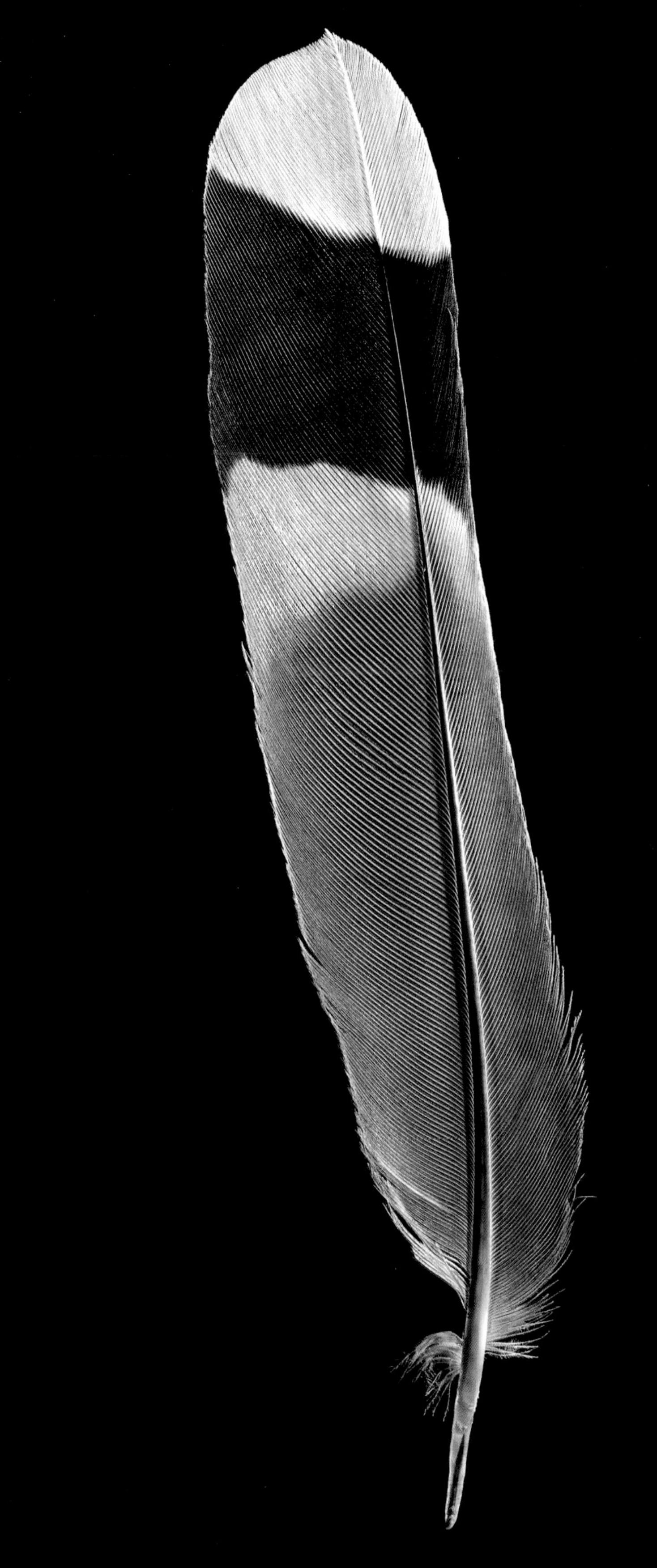

斑雕鸮

非洲之角[1]

Bubo africanus

斑雕鸮又称非洲雕鸮。照片中的这支绒软的绒羽来自它的胸部，不具飞行的功能，唯一的作用是为斑雕鸮在寒冷的非洲沙漠夜晚保暖御寒。

①非洲之角（horn of africa）是非洲东北部一片向东突出，形似犀牛角，深入印度洋的地区。具体位置为肯尼亚和乌干达以北、白尼罗河以东，直到红海、亚丁湾和印度洋岸。包含索马里、吉布提、厄立特里亚、埃塞俄比亚四国。

——编者注

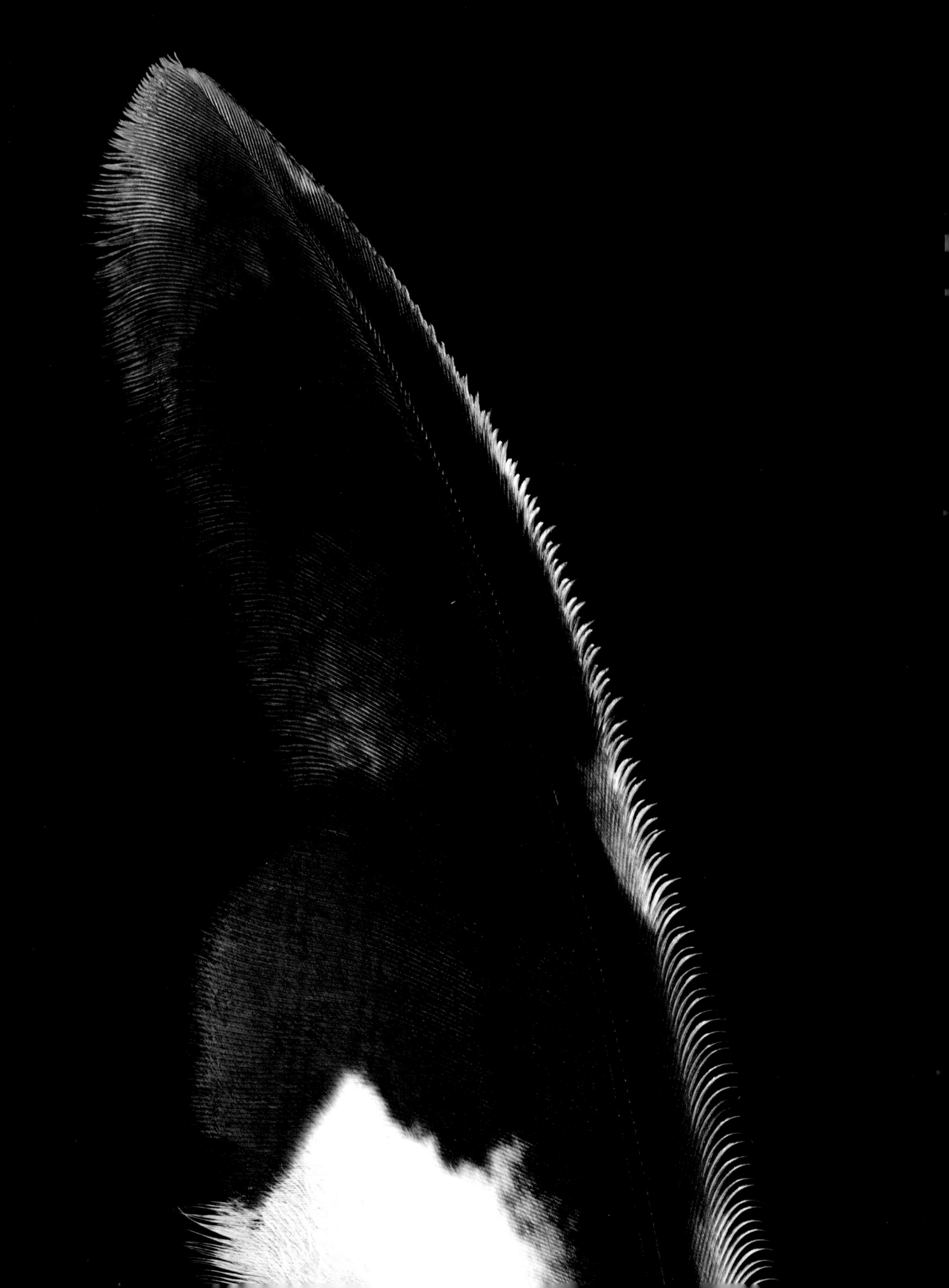

斑雕鸮

[细节图]

这支左翼初级飞羽的前缘呈锯齿状，而后缘却特别设计成破损状，以消除捕猎昆虫和小型动物的飞行过程中扇动翅膀的声音。这种设计方式会损耗一些飞行速度，但在暗夜中，无声的出击才是斑雕鸮所拥有的最有力的武器。

某种鸮

绒羽和覆羽可形成一个能够隔绝外部环境的温暖气囊，隔离冷空气，保持体温，就像图中鸮的羽毛一样。

双垂鹤鸵

—

印度尼西亚、新几内亚、澳大利亚西北部

Casuarius casuarius

这只酷似史前生物的双垂鹤鸵属于平胸类鸟。平胸类鸟是一群无法飞行的大型鸟类,它们缺乏龙骨突,这种结构可见于具有功能性翅膀鸟类的胸骨上。双垂鹤鸵出了名的害羞，但一旦被挑衅会变得极度凶残，攻击敌人，并用刀锋般的利爪取其内脏。没有了飞翔的功用，双垂鹤鸵的羽毛大多起到保暖和保护自身的用途。

双垂鹤鸵

—

[细节图]

双垂鹤鸵的羽毛与用于飞行的鸟羽有很大不同。如图中的这些羽毛，其排列并非紧紧相连。既然不需要飞行，羽毛也就不一定非要排列成流线型抑或整齐划一。

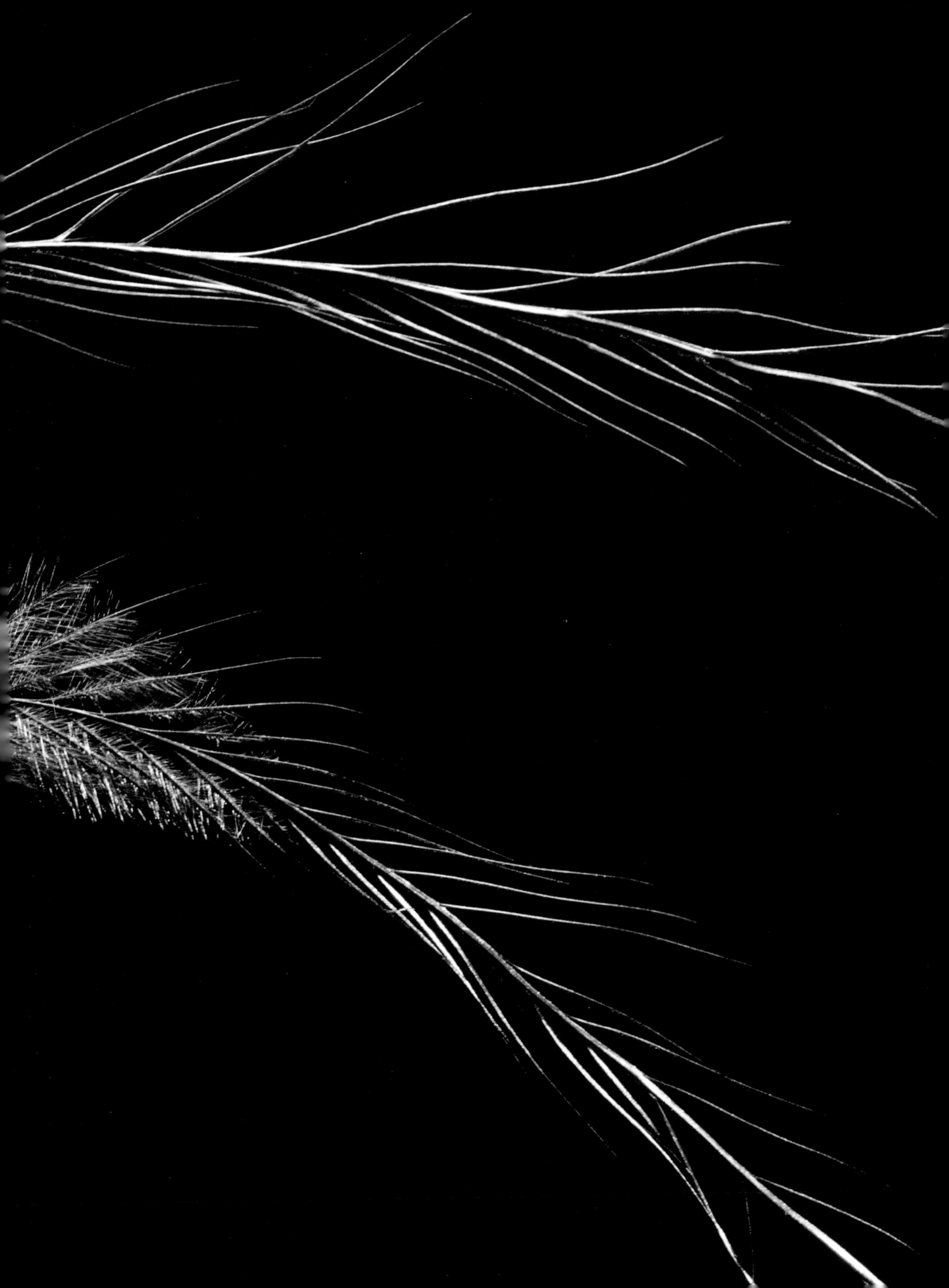

巽他山椒鸟

印度尼西亚爪哇岛

Pericrocotus miniatus

巽他山椒鸟是一种小巧且外表精致的长尾鸟类。图中并排的这些次级飞羽的大小约为其实际鸟羽大小的 5 倍。这种缩放后排列整齐的羽毛影像使我们更易认识到每根羽毛对整个羽翼而言的意义。

蓝孔雀

原产南亚，现遍布全球

Pavo cristatus

雄性蓝孔雀也就是俗称的孔雀，或许可以算是世界上识别度最高的一种鸟类了。其华丽的“尾”是体长的 3 倍，实际是由狭长的尾上覆羽组成的。蓝孔雀闪光的羽毛是结构色的一个例子：羽毛其实是棕色的，但由于羽毛的特殊构造与光发生了干涉，最终呈现出了蓝色、绿色和青绿色。

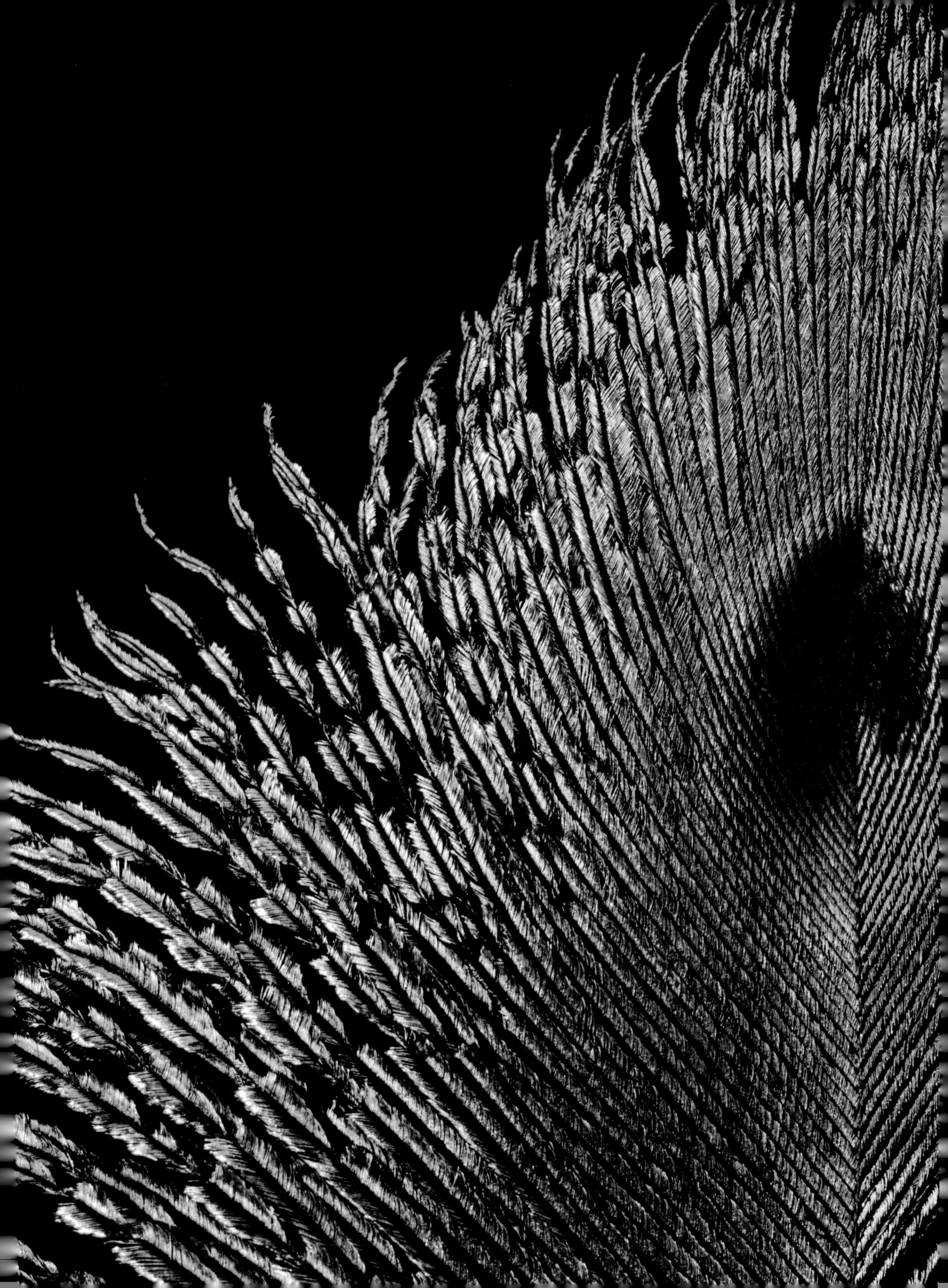

灰孔雀雉

东南亚到印度东北部

Polyplectron bicalcaratum

灰孔雀雉是亚洲雉中体形最大的一种，尾羽上星罗棋布的环状眼斑就像一只只眼睛，在不同的光线中变换着色彩。雄性跳起求偶舞时，会将五彩的羽毛朝向心仪的雌性。

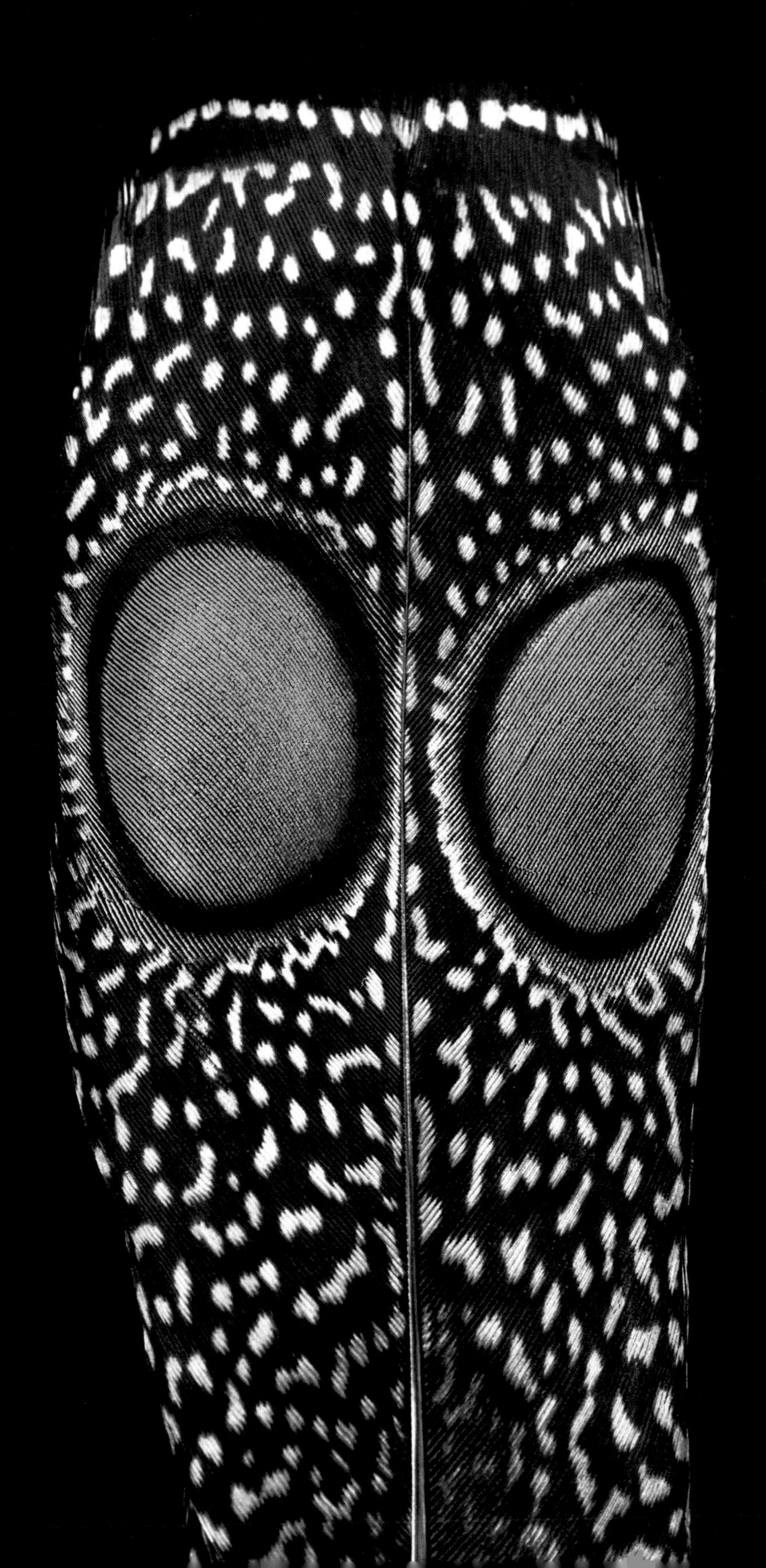

红腹锦鸡

中国

Chrysolophus pictus

红腹锦鸡又被称为“中国雉”。雄性红腹锦鸡可谓一种奢侈的物种。它们红黄相间，全身每一部分的羽毛都有鲜艳的颜色。后颈部扇状羽的层状排列使羽毛暗淡的后端被遮蔽了起来。尽管外表艳丽，但在它的栖息地——中国中部地区阴暗的松柏林里①，红腹锦鸡却没那么容易见到。

①原文如此。实际上，红腹锦鸡的栖息地为常绿阔叶林、常绿落叶阔叶混交林和针阔叶混交林。

——编者注

红腹锦鸡

[细节图]

图中特写的就是一只红腹锦鸡相互覆盖的后颈部扇状羽。这种扇状羽一般只起到装饰作用，尽管在打斗中派不上用场，但吸引异性却是一把好手。羽色艳丽且羽毛平顺将使雄性成为最具魅力的追求者。

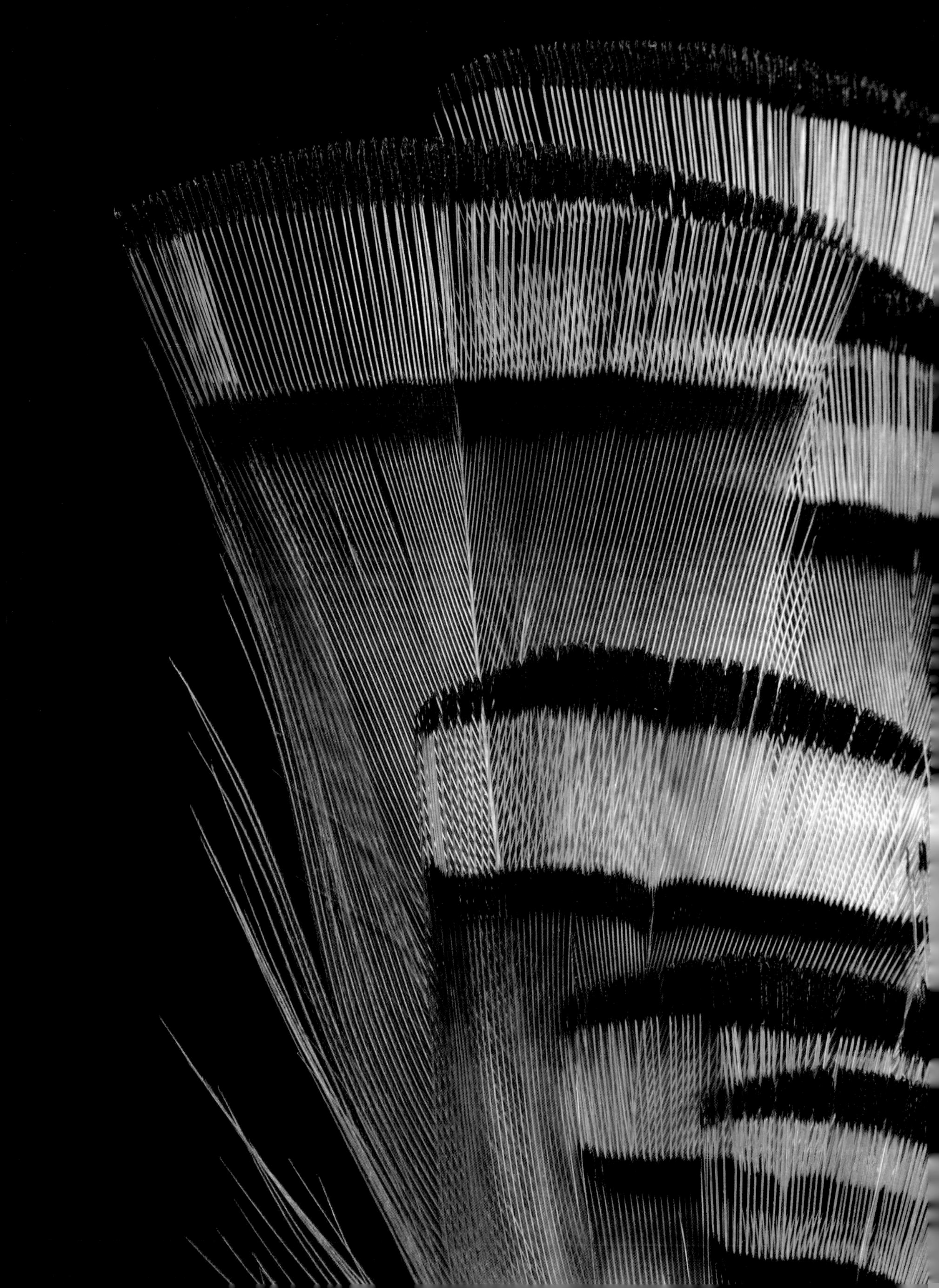

红腹锦鸡

—

[细节图]

红腹锦鸡又名金鸡，源于头顶的这些金色丝状羽。这张特写图让我们有机会近距离地观察它们。这些装饰性的羽毛没有羽小枝，这就意味着羽枝可以倒向四方，以营造冠羽的蓬松感。

大红鹳

非洲，欧洲南部，以及亚洲部分地区

Phoenicopterus roseus

大红鹳标志性的粉红羽色源于其饮食结构：它们食用的大量动植物中均含有丰富的 β-胡萝卜素。粉红大衣颜色越深说明大红鹳饮食越健康，在潜在追求者面前当然也越具魅力。

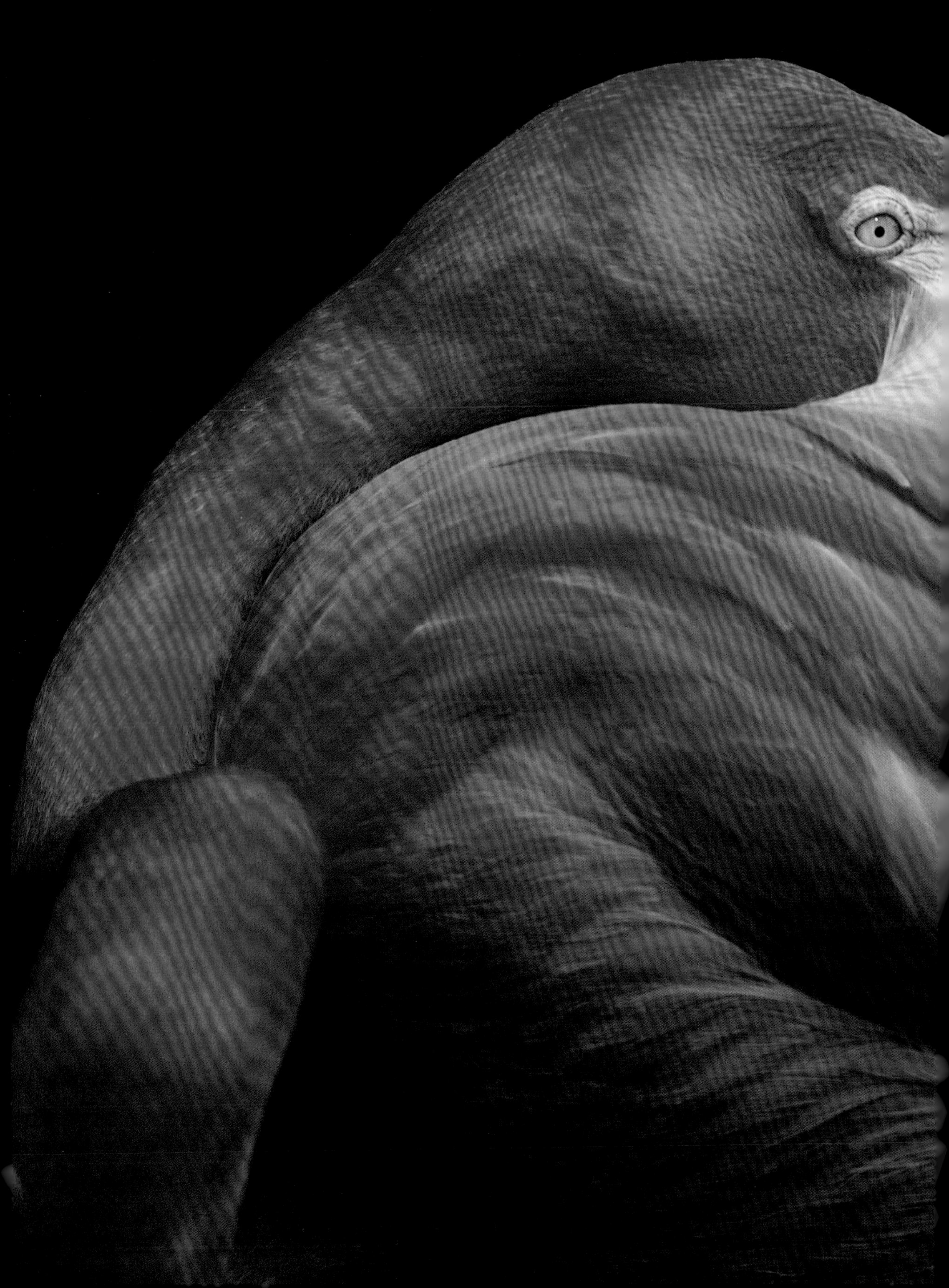

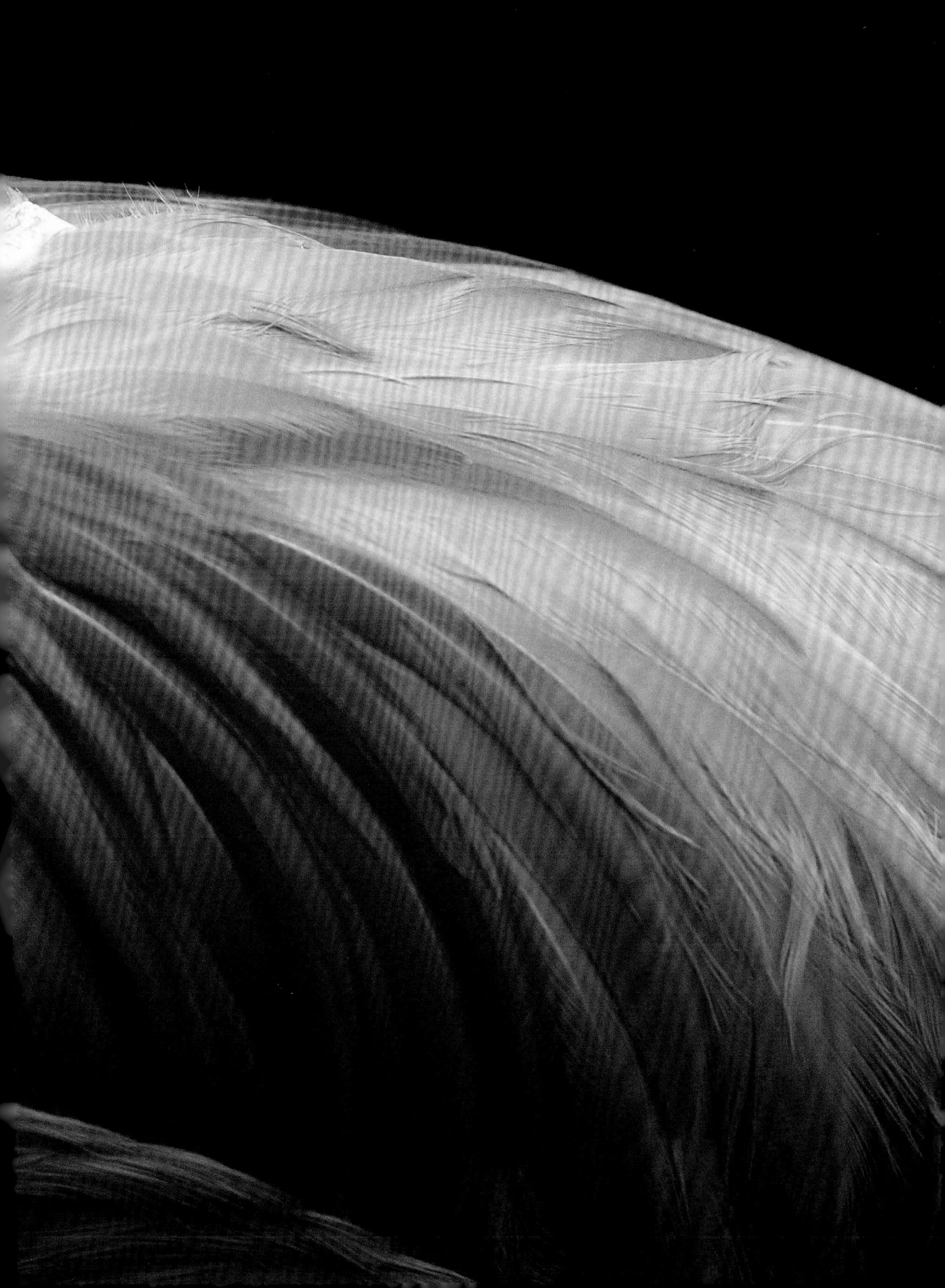

棕树凤头鹦鹉

—

新几内亚／澳大利亚的约克角和新南威尔士州

Probosciger aterrimus

作为凤头鹦鹉科（Cacatuidae）的一员，棕树凤头鹦鹉是家族中体形最大的鸟种之一，绝对担得起“巨人鹦鹉”的别称。它们不但因能发出复杂的叫声闻名，而且其有趣的领地求爱方式也广为人知。雄鸟求爱时会利用植物的种荚敲打空心树。

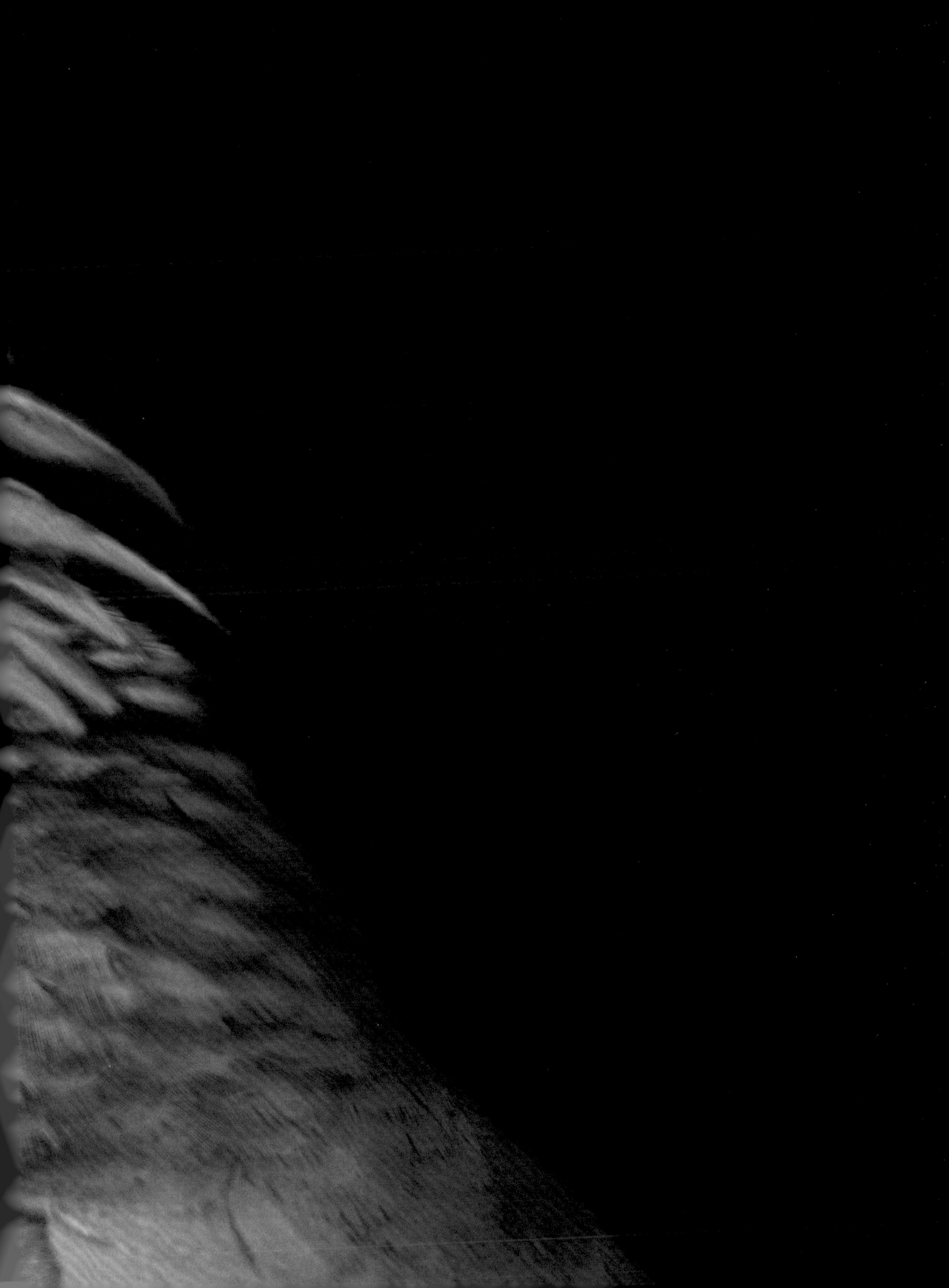

彩鹬

—

非洲、印度、东亚南部

Rostratula benghalensis

彩鹬表现为两性羽色倒转（reverse sexual dimorphism），即雌鸟在体形大小与体色丰富度上均胜于雄性。雌性彩鹬拥有更加浓重的棕色羽衣和横在胸前的黑色条纹，而雄性的外貌则更为暗淡。作为水鸟，彩鹬常漫步于芦苇浅滩寻觅昆虫、甲壳动物、软体动物以及植物的种子。

维多凤冠鸠

—

新几内亚

Goura victoria

维多凤冠鸠是鸠鸽科（Columbidae）里地栖的一个小属中的成员，它们以洪亮的鸣叫声闻名，有时还伴随着异型翅膀拍打空气发出的声音。鉴于比 3 千克（7 磅）还多的体重，维多凤冠鸠被认为是鸠鸽科最大的种类。

红翅旋壁雀

—

欧亚大陆的高山上

Tichodroma muraria

红翅旋壁雀生活在极不适居的高山崖壁上，有些栖居地甚至超过海拔4 800米（约16 000英尺）高。这样的环境中生活着一些昆虫和爬行动物，且捕食者较少。为了适应生境，红翅旋壁雀演化出了利爪和坚韧且宽阔的羽翼，用极小的握力来抓握岩石表面，用短暂而有力的冲击把自己“绑”在悬壁上。

太平鸟

—

欧洲、中亚和东亚北部，美国—加拿大边境

Bombycilla garrulus

这张分解图展示了太平鸟全部的羽毛。300 多万的数量，让雀形目（Passeriformes）的太平鸟成为了北半球鸣禽中最庞大的种群之一。最为人所知的是其醉酒行为——它们经常会取食一些发酵的花楸浆果。尽管太平鸟的身体通常可以代谢一定量的乙醇，但偶尔也会中毒丧命。

术语汇编

羽根（calamus）：羽轴靠近鸟类皮肤的部位。

正羽（contour）：最外层的羽毛，起颜色展示及型塑鸟类的作用。

覆羽（covert）：覆在其他羽毛之上的羽毛，使气流通过羽翼及尾部。

羽冠 / 凤头（crest）：长在头顶的突出半绒羽。

远端（distal）：离鸟类身体最远的羽毛末端。

绒羽（down）：起到保暖作用的细小羽毛。可见于正羽的内层。

飞羽（flight）：翅膀和尾部的羽毛，控制推力和升力，使鸟类翱翔天际。

前缘（leading edge）：飞行中，飞羽朝前的边缘。

色型（morph）：拥有与本种标准羽色大相径庭的羽毛的成鸟。

眼斑（ocelli）：孔雀羽毛上环形的、类眼状图案。

初级飞羽（primary）：最大且最强壮的飞羽。

羽轴（rachis）：羽干的远端。

次级飞羽（secondary）：位于身体与初级飞羽间的羽毛，为鸟体提供升力，兼备翱翔和拍打之用。

半绒羽（semiplume）：既能为鸟体再加一保暖层，又可维持鸟体流线型的羽毛。

两性异型（sexual dimorphism）：同种间雌雄个体表现型上的分化。

翼镜（speculum）：鸟类翅膀内侧颜色反差极大的块斑。

结构色（structural coloration）：显微结构表面与可见光发生干涉，经常产生的彩虹般的闪光色。

后缘（trailing edge）：飞羽在飞行中朝后的边缘。

指叉（wing slots）：初级飞羽间翅膀末端的空隙，在飞行中可协助鸟类降低阻力，提供升力。

参考文献

African Wildlife Foundation. "Ostrich (*Struthio camelus*)." http://www.awf.org/wildlife-conservation/ostrich.

Arnold, Keith A. "The Red-Crowned Parrot (*Amazona viridigenalis*)." The Texas Breeding Bird Atlas. http://txtbba.tamu.edu/species-accounts/red-crowned-parrot.

Australian Department of the Environment Species Profile and Threats Database. "Southern Cassowary (*Casuarius asuarius johnsonii*)." http://www.environment.gov.au/cgi-bin/sprat/public/publicspecies.pl?taxon_id=25986.

———. "Southern Giant-Petrel (*Macronectes giganteus*)." http://www.environment.gov.au/cgi-bin/sprat/public/publicspecies.pl?taxon_id=1060.

Avian Web. "Palm Cockatoos Cockatoos aka Black Palm Cockatoos (*Probosciger aterrimus*)." http://beautyofbirds.com/palmcockatoos.html.

———. "Quaker (Monk) Parrot aka Grey-breasted Parakeet (*Myiopsitta monachus*)." http://www.beautyofbirds.com/quakerinfo.html.

———. "Red-billed Blue Magpies (*Urocissa erythrorhyncha*)." http://beautyofbirds.com/redbilledbluemagpies.html.

———. "Silver Pheasant (*Lophura nycthemera*)." http://beautyofbirds.com/silverpheasants.html.

BirdLife International. "Southern Giant Petrel (*Macronectes giganteus*)." http://www.environment.gov.au/cgi-bin/sprat/public/publicspecies.pl?taxon_id=1060.

BirdLife International: The IUCN Red List of Threatened Species. "Green-backed Trogon (*Trogon viridis*)." http://www.iucnredlist.org/details/22736238.

Bouglouan, Nicole. "Red-Crested Tauraco (*Tauraco erythrolophus*)." Oiseaux Birds. http://www.oiseaux-birds.com/card-red-crested-turaco.html.

———. "Superb Starling (*Lamprotornis superbus*)." Oiseaux Birds. http://www.oiseaux-birds.com/card-superb-starling.html.

Brush, T., et al. "Amazona Viridigenalis." BirdLife International: The IUCN Red List of Threatened Species. http://www.iucnredlist.org/details/22686259/0.

Butchart, S., et al. "Wallcreeper (*Tichodroma muraria*)." BirdLife International. http://www.birdlife.org/datazone/species/factsheet/22711234.

Capper, D., et al. "Little Bustard (*Tetrax tetrax*)." BirdLife International. http://www.birdlife.org /datazone/speciesfactsheet.php?id=2759.

Carsten, Peter. "Ostrich (*Struthio camelus*)." National Geographic. http://animals.national geographic.com/animals/birds/ostrich.

The Cornell Lab of Ornithology. "Bohemian Waxwing (*Bombycilla garrulous*)." http://www.allaboutbirds.org/guide/Bohemian_Waxwing/lifehistory.

———. "Feather Structure." http://www.birds.cornell.edu/AllAboutBirds/studying/feathers/ feathers.

———. "Fork-tailed Woodnymph (*Thalurania furcata*)." http://neotropical.birds.cornell.edu/portal/species/overview?p_p_spp=247451.

———. "Green-backed Trogon (*Trogon viridis*)." http://neotropical.birds.cornell.edu/portal/ species/overview?p_p_spp=281976.

———. "Northern Flicker (*Colaptes auratus*)." http://www.allaboutbirds.org/guide/ northern_flicker.

———. "Snow Goose (*Chen caerulescens*)." http://www.allaboutbirds.org/guide/Snow_Goose.

———. "Wilson's Bird-Of-Paradise: A Full Spectrum." http://www.birdsofparadiseproject.org/ content.php?page=73.

Daniels, Dick. "Starlings of Africa and Their Allies." Birds of the World. http://carolinabirds.org/HTML/ AF_Starling.htm.

Ducks Unlimited. "Mallard (*Anas platyrhynchos*)." http://www.ducks.org/hunting/waterfowl-id/ mallard.

Dudley, Ron. "The Alula (Bastard Wing) of a Kestrel in Flight." Feathered Photography. http://www. featheredphotography.com/blog/2013/03/23/the-alula-bastard-wing-of-a-kestrel-in-flight.

Ekstrom, J., et al. "Broad-Billed Sandpiper (*Calidris falcinellus*)." BirdLife International. http://www.birdlife.org/datazone/speciesfactsheet.php?id=3061.

———. "Northern Fulmar (*Fulmarus glacialis*)." BirdLife International. http://www.birdlife.org/datazone/speciesfactsheet.php?id=3872.

———. "Sunda Minivet (*Pericrocotus miniatus*)." BirdLife International. http://www.birdlife.org/ datazone/speciesfactsheet.php?id=5979.

Johnson, Sibylle. "Blood Pheasants (*Ithaginis cruentus*)." Avian Web. http://beautyofbirds.com/bloodpheasants.html.

———. "Blue and Gold Macaws aka Blue & Yellow Macaws (*Ara ararauna*)." Avian Web.

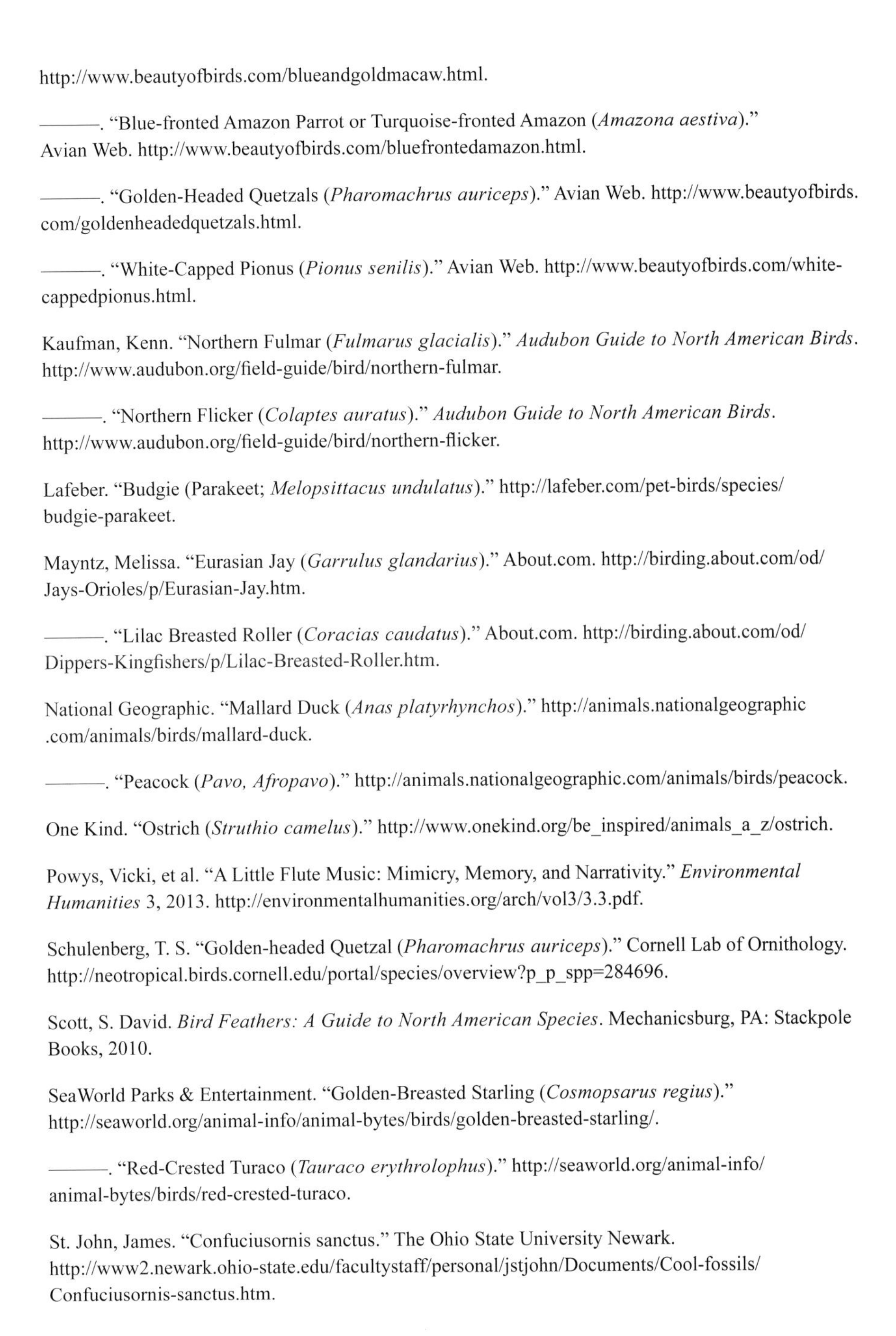

http://www.beautyofbirds.com/blueandgoldmacaw.html.

———. "Blue-fronted Amazon Parrot or Turquoise-fronted Amazon (*Amazona aestiva*)." Avian Web. http://www.beautyofbirds.com/bluefrontedamazon.html.

———. "Golden-Headed Quetzals (*Pharomachrus auriceps*)." Avian Web. http://www.beautyofbirds.com/goldenheadedquetzals.html.

———. "White-Capped Pionus (*Pionus senilis*)." Avian Web. http://www.beautyofbirds.com/white-cappedpionus.html.

Kaufman, Kenn. "Northern Fulmar (*Fulmarus glacialis*)." *Audubon Guide to North American Birds*. http://www.audubon.org/field-guide/bird/northern-fulmar.

———. "Northern Flicker (*Colaptes auratus*)." *Audubon Guide to North American Birds*. http://www.audubon.org/field-guide/bird/northern-flicker.

Lafeber. "Budgie (Parakeet; *Melopsittacus undulatus*)." http://lafeber.com/pet-birds/species/budgie-parakeet.

Mayntz, Melissa. "Eurasian Jay (*Garrulus glandarius*)." About.com. http://birding.about.com/od/Jays-Orioles/p/Eurasian-Jay.htm.

———. "Lilac Breasted Roller (*Coracias caudatus*)." About.com. http://birding.about.com/od/Dippers-Kingfishers/p/Lilac-Breasted-Roller.htm.

National Geographic. "Mallard Duck (*Anas platyrhynchos*)." http://animals.nationalgeographic.com/animals/birds/mallard-duck.

———. "Peacock (*Pavo, Afropavo*)." http://animals.nationalgeographic.com/animals/birds/peacock.

One Kind. "Ostrich (*Struthio camelus*)." http://www.onekind.org/be_inspired/animals_a_z/ostrich.

Powys, Vicki, et al. "A Little Flute Music: Mimicry, Memory, and Narrativity." *Environmental Humanities* 3, 2013. http://environmentalhumanities.org/arch/vol3/3.3.pdf.

Schulenberg, T. S. "Golden-headed Quetzal (*Pharomachrus auriceps*)." Cornell Lab of Ornithology. http://neotropical.birds.cornell.edu/portal/species/overview?p_p_spp=284696.

Scott, S. David. *Bird Feathers: A Guide to North American Species*. Mechanicsburg, PA: Stackpole Books, 2010.

SeaWorld Parks & Entertainment. "Golden-Breasted Starling (*Cosmopsarus regius*)." http://seaworld.org/animal-info/animal-bytes/birds/golden-breasted-starling/.

———. "Red-Crested Turaco (*Tauraco erythrolophus*)." http://seaworld.org/animal-info/animal-bytes/birds/red-crested-turaco.

St. John, James. "Confuciusornis sanctus." The Ohio State University Newark. http://www2.newark.ohio-state.edu/facultystaff/personal/jstjohn/Documents/Cool-fossils/Confuciusornis-sanctus.htm.

Switch Zoo. "Scarlet Macaw (*Ara macao*)." http://switchzoo.com/profiles/scarletmacaw.htm.

Taylor, Hollis. "Lyrebirds Mimicking Chainsaws: Fact or Lie?" The Conversation. http://theconversation.com/lyrebirds-mimicking-chainsaws-fact-or-lie-22529.

Wildscreen Arkive. "Broad-Billed Sandpiper (*Limicola falcinellus*)." http://www.arkive.org/broad-billed-sandpiper/limicola-falcinellus.

———. "Common Swift (*Apus apus*)." http://www.arkive.org/common-swift/apus-apus.

———. "Great Argus (*Argusianus argus*)." http://www.arkive.org/great-argus/argusianus-argus.

———. "Greater Painted-Snipe (*Rostratula benghalensis*)." http://www.arkive.org/greater-painted-snipe/rostratula-benghalensis.

———. "Indian Roller (*Coracias benghalensis*)." http://www.arkive.org/indian-roller/coracias-benghalensis/.

———. "King Bird-of-Paradise (*Cicinnurus regius*)." http://www.arkive.org/king-bird-of-paradise/cicinnurus-regius.

———. "Little Bustard (*Tetrax tetrax*)." http://www.arkive.org/little-bustard/tetrax-tetrax/.

———. "Scarlet Macaw (*Ara macao*)." http://www.arkive.org/scarlet-macaw/ara-macao/.

———. "Snow Goose (*Chen caerulescens*)." http://www.arkive.org/snow-goose/chen-caerulescens.

———. "Southern Cassowary (*Casuarius casuarius*)." http://www.arkive.org/southern-cassowary/casu-arius-casuarius.

———. "Spotted Eagle-Owl (*Bubo africanus*)." http://www.arkive.org/spotted-eagle-owl/bubo-africanus.

———. "Victoria Crowned-pigeon (*Goura victoria*)." http://www.arkive.org/victoria-crowned-pigeon/goura-victoria.

———. "Wilson's Bird-of-Paradise (*Cicinnurus respublica*)." http://www.arkive.org/wilsons-bird-of-paradise/cicinnurus-respublica/.

Wilson, Angus. "Broad-Billed Sandpiper (*Limicola falcinellus*)." The New York State Avian Records Committee. https://nybirds.org/NYSARC/RareGallery/BbillSP.htm.

Winkler, Sarah. "How Can Owls Fly Silently?" How Stuff Works. http://animals.howstuffworks.com/birds/owl-fly-silently1.htm.

Woburn Safari Park. "African Spotted Eagle Owl (*Bubo africanus*)." http://www.woburnsafari.co.uk/discover/meet-the-animals/birds/african-spotted-eagle-owl.

Xeno-Canto Foundation. "King Bird-of-paradise (*Cicinnurus regius*)." http://www.xeno-canto.org/species/Cicinnurus-regius.